3판

알기 쉬운
식품 미생물학&실험

3판

알기 쉬운
식품 미생물학&실험

신해헌 · 차윤환 · 한명륜 · 조은아 · 이정숙 · 국무창 지음

교문사

머리말

식품 미생물학은 자연계에 널리 분포하는 미생물 중에 인간의 식품 섭취(발효, 부패, 식품위생, 식품에서 기인하는 질병 및 식중독, 식품의 저장 및 보존 등)를 비롯한 환경(수질관리, 실험실관리, 품질관리 등)과 밀접한 관계가 있는 미생물을 연구하는 학문이다. 특히 식품의 부패와 연관이 깊은 세균이 식품 미생물 연구의 주대상이다. 효모와 곰팡이도 학계에서 향후 연구개발이 요구되는 분류에 해당한다. 또한 최근에는 조류독감, 신종인플루엔자 바이러스, 슈퍼박테리아, 광우병 등의 식품 위생과 관련된 연구들이 활발히 진행되고 있어 식품위생학적 측면에서 그 중요성이 점차 증대되고 있다.

코로나19 바이러스로 인하여 생활방식의 변화가 시작된 지난 2020년은 미생물, 특히 바이러스에 대한 경계심을 가지게 된 큰 사건이었다. 이는 현재진행형으로 미생물이 우리와 얼마나 밀접한 관계가 있음을 보이고 있다.

반대로 코로나19 상황으로 거리두기, 마스크 착용, 손씻기 등의 위생수칙 준수는 식중독 사고와 같은 위생사고의 감소를 가져오게 되었다.

본 교재는 식품 관련학과 학생들과 미생물 관련 전공자들이 보다 쉽게 식품 미생물에 대한 기본 정의과 중요성을 이해할 수 있도록 구성하였다. 특히 발효와 변질에 관련된 미생물의 중요성을 이해하고 실험학습 등을 통해 미생물학과 식품학을 control하여 이론학습과 병행하여 실제로 실험을 행함에 있어 안전한 식품을 만들 수 있도록 설명하였다.

미생물은 실제 생활에서 흔히 볼 수 있음에도 불구하고 이론적인 면에 비하여 그 중요성을 인식하지 못하는 경향이 있어 실제 식품 미생물 관련 교과목을 수강하는 학생들에게 어려운 교과목으로 인식될 뿐만 아니라 단순히 암기를 통한 학습 교과목으로 이해되는 면이 있다. 이에 실제 생활에서 미생물의 중요성을 부각시키기 위해 기존 방송 등에서 알려진 case를 제시하였으며, 본서에 실은 미생물 사진들의 경우는 본 집필진이 소장하고 있는 것을 활용하여 보다 실감(實感) 있는 교재가 되도록 정리하였다.

본 교재는 식품기사, 위생사, 식품위생직 공무원 등의 시험교과목인 식품 미생물을 주로 하여 실제 식품산업 현장에서 요구되는 이론과 실습 부분을 함께 정리하였다. 시험에서 요구되는 항목인 식품 미생물학 이론을 Part 1, Part 2로 구성하여 1장에서 6장까지는 식품 미생물학의 요점과 미생물학의 개념을 주로 설명하였으며, 7장부터는 실험과 관련된 내용을 실어 이론적인 면과 실험을 통한 결론도출을 통합 학습이 가능하도록 구성하였다.

Part 1은 미생물학의 발달사, 미생물의 분류 및 세포 구조, 식품과 미생물, 식품 미생물의 이용, 식품 미생물과 식품위생, 식품 중 미생물의 분석을 설명하였으며, Part 2는 미생물 실험의 기초, 식품 미생물 실험으로 구성하였다.

집필진 등이 코로나19로 인한 비대면 수업 등으로 강의를 진행하면서 기존 교재에서 오류를 수정하고, 일부 내용을 첨가하였다.

《알기 쉬운 식품 미생물학 & 실험》은 저자들이 식품 관련학과에서 여러 해 강의를 하면서 필수적으로 요구되는 미생물학 내용들을 담아 집필한 것으로 본 교재를 사용하여 식품 미생물의 중요성과 이해도가 높아졌으면 하는 바람이다.

본 교재를 출판하기 위해 고생하신 편집팀 여러분과 영업팀 정용섭 팀장님, 그리고 교문사 대표님의 노력에 깊은 감사를 드린다.

2021년 1월 25일
저자 일동

차 례

PART 2
식품 미생물학 실험

Chapter 7 미생물 실험의 기초

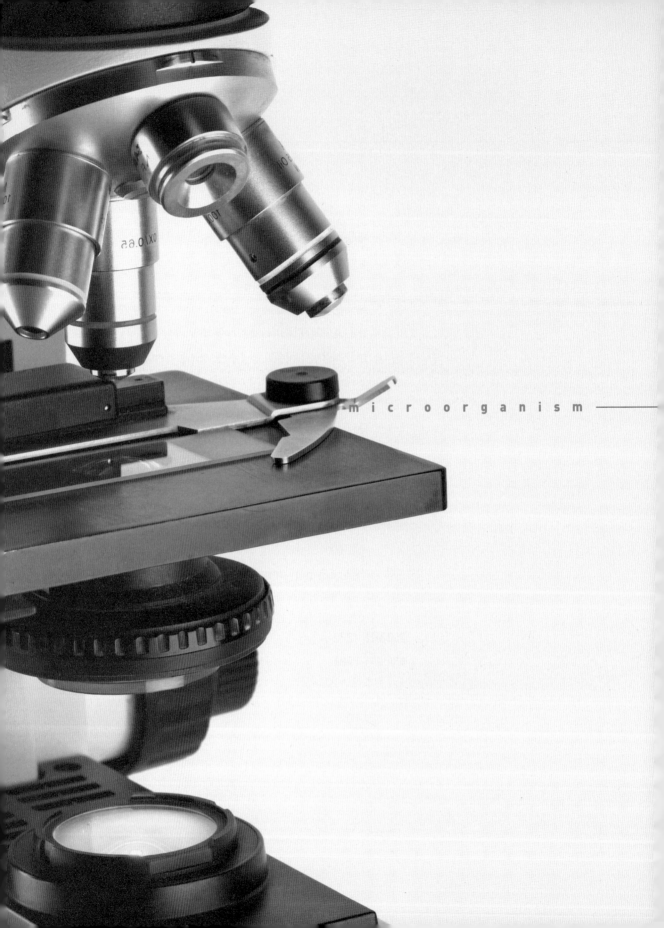

microorganism

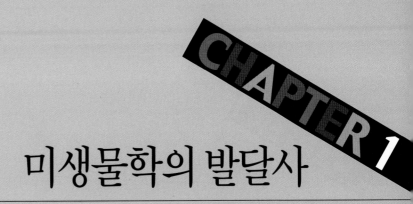

미생물학의 발달사

CHAPTER 1

미생물학의 발달사

1 미생물의 발견

미생물(微生物, microorganism or microbe)이란 '매우 작다.'의 micro와 '생명체'의 organism의 합성어로서 눈으로는 볼 수 없는 아주 작은 생물(microorganism)을 뜻한다. 이 작은 미생물은 현미경(microscope)을 이용하여 기본적인 형태의 단위체를 관찰할 수 있는데, 이때 관찰된 기본 단위체를 **세포(cell)**이라 하며, 크기를 ㎛ 단위로 표시한다.

인류는 아주 오래 전부터 미생물로부터 이롭거나(발효) 해로운(부패, 질병) 영향을 받으며 살아왔으나 그 실체를 보기 시작한 것은 불과 17세기부터였다. 17세기 말 렌즈 제조법이 발명되면서, 네덜란드의 과학자인 레벤후크(Anton Van Leeuwenhoek)는 40~270배의 배율을 가진 단안 렌즈(하나의 렌즈로 구성) 현미경을 제작하여 살아있는 세균, 원생 동물, 조류, 물고기 적혈구의 핵 등을 최초로 관찰하였다. 미생물의 실체를 관찰하면서부터 미생물을 이용한 학문은 발전을 시작하게 된다. 현재까지 알려져 있는 미생물의 실제 크기는 육안으로도 볼 수 있을 정도의 크기를 가진 아메바(amoeba)가 있는 반면, 18 nm 정도에 지나지 않는 입자를 가지는 바이러스도 있다.

표 1-1 미생물의 크기

미생물명	크기(지름 또는 폭)
아메바	20~500 ㎛
곰팡이	3~10 ㎛
효모	6~8 ㎛
막대형 세균	0.5~5 ㎛
구형 세균	0.5~1 ㎛
바이러스	0.018~0.4 ㎛

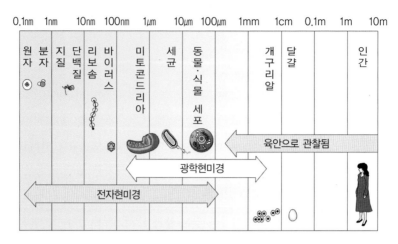

그림 1-1 미생물의 크기 비교
(출처: Pearson education Inc)

2 미생물학의 발전: 자연발생설과 생물속생설

예로부터 사람들은 '모든 생물은 자연적으로 우연히, 무기물로부터 발생한다.'는 **자연발생설**(Spontaneous generation, abiogenesis)을 믿어왔다. 어느 날 홀연히 달팽이, 개구리, 쥐 등이 출현하는 것처럼 보이는 것에 근거하여 생명의 시초가 우주에 존재해 있다고 주장하는 신앙과도 같은 관념이었다. 그러나 이러한 주장은 현미경의 발명과 더불어 미생물을 연구하는 과학자들의 실험적 반증으로부터 '생명체는 반드시 살아있는 것으로부터 나온다.'는 **생물속생설**(biogenesis)이 대두되면서 16~17세기에 수많은 논쟁을 되풀이 하게 된다.

19세기 후반 프랑스의 **파스퇴르**(Louis Pasteur)는 목이 긴 S자형 플라스크에 담긴 육즙 실험으로 생물속생설을 확립하게 된다. 이 실험으로 모체가 없이는 부패를 유발하는 미생물이 저절로 생기지 않는다는 것을 증명하였고, 세균의 자연발생설이라는 것은 공기 중의 미생물이 침입하여 번식한 것에 지나지 않는다는 것을 밝혔다.

이후로도 파스퇴르는 너무 빨리 쉬어버리는 포도주가 발효액 안의 박테리아 때문임을 밝혀내, 약 55℃로 가열하면 포도주가 변질되지 않으면서 세균의 독성만을 파괴할 수 있

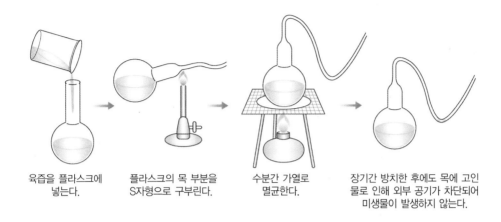

| 육즙을 플라스크에 넣는다. | 플라스크의 목 부분을 S자형으로 구부린다. | 수분간 가열로 멸균한다. | 장기간 방치한 후에도 목에 고인 물로 인해 외부 공기가 차단되어 미생물이 발생하지 않는다. |

그림 1-2 파스퇴르가 생물속생설을 입증한 실험: 파스퇴르는 백조의 목처럼 S자로 구부린 플라스크에 육즙을 넣고 수 분간 가열하여 멸균하면 S자형의 굽은 부분에 증기로 인한 물이 채워지고 외부의 공기가 침투하지 못하여 장기간 상하지 않는다는 것을 알아냈다.

다는 것을 알아냈다. 이것이 오늘날 우유, 음료 및 와인 살균에 널리 사용하는 **저온살균법**(Pasteurization)이다. 파스퇴르는 질병 발생의 원인이 유해 세균 때문이라는 것을 증명하고 유해 세균을 분리함으로써 질병의 예방이나 퇴치에 많은 도움을 주게 된다.

19세기 말 파스퇴르의 미생물 연구에 영향을 받은 독일의 과학자 **코흐**(Heinrich Hermann Robert Koch)는 특정 세균과 질병 사이의 인과 관계론의 확립, 세균의 순수 배양법과 검사 방법, 결핵균과 콜레라균의 발견, 결핵균의 항원인 투베르쿨린의 발견 등 많은 연구를 통해 '**세균학**'을 탄생시킨다. 이후 인류의 병원균에 대한 연구는 급속히 발전하게 되었다.

3 미생물의 이용

동서양을 막론하고 미생물은 우리 주변 모든 곳에서 존재하며, 인체 내에도 수많은 미생물들이 존재한다. 결국 인간은 미생물과 더불어 살고 있다고 할 수 있다. 미생물은 긍정적인 면과 부정적인 면, 양면성을 가지고 있다.

미생물 이용의 긍정적인 면은 첫째, 김치, 젓갈, 막걸리, 치즈, 요쿠르트, 와인 등의 **발효 식품**을 만드는 중요한 구성요소라는 점이다. 인류가 미생물을 이용한 발효 기술을 활용한 것은 역사 이전부터이다. 그러나 고대인들은 미생물의 존재를 알지 못했고, 자연적 성숙, 연금술사들에 의한 변화, 입자의 재구성 등의 개념 등으로 풀이해왔다. 1857년 파스퇴르의 미생물 연구로 알코올 발효는 효모(yeast)라는 미생물의 작용에 의한 것이라는 것이 처음 증명되었고, 1897년 부흐너(Edward Buchner)는 효모의 무세포 추출액만으로도 알코올 발효가 일어나는 것을 증명하여 **효소**학적인 연구도 시작되었다. 둘째로 미생물은 항생 물질이나 비타민 등과 같은 유용한 물질의 생산에 이용하고 있다. 또한, 폐수 처리 등 환경의 생물학적 복원 등에도 유용하게 이용되고 있다.

그러나 미생물은 부정적인 면도 가지고 있다. 우선 결핵, 페스트, 충치, 폐렴 등과 같은 많은 질병들의 원인이 되고 있다. 이런 미생물을 통칭하여 **병원성 미생물**이라고 한다. 또한 식품이나 자연계의 부패도 미생물이 담당하고 있다. 자연계의 부패는 어떤 면에서는 긍정적인 면이라고도 할 수 있는데, 그러한 미생물들이 생물의 부패에 관여함으로써 지구상의 생태계 순환 시스템이 유지된다. 이처럼 미생물은 우리의 삶과 밀접한 관계를 맺고 있어서 미생물에 관한 다양한 연구는 인류의 삶의 질을 높이는데 크게 기여를 하고 있다.

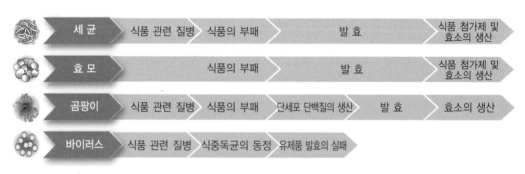

그림 1-3 미생물의 종류에 따른 식품 산업과의 관련성

그림 1-4 미생물을 이용한 동양의 발효 식품과 서양의 발효 식품
(출처: http://shbae3521.egloos.com/v/10733808)

4 의학의 발전

알렉산더 플레밍(Alexander Fleming) 박사의 **페니실린**(Penicillin) 발견으로 현대 의학은 발전기를 맞이하게 된다. 여러 유해 미생물의 감염증에 효과가 있는 페니실린은 그 자체 만으로도 훌륭한 **항생제**이며 다른 항생물질의 연구나 신약의 연구에 중요한 바탕이 되는 항생제이다. 1930년 후반에 처칠 수상의 폐렴을 치료하면서부터 주목받기 시작한 페니 실린은 이후 2차 세계 대전의 발발로 전쟁 부상자 및 일반인의 치료에 널리 쓰이면서 수 많은 인명을 구했으며 이로 인해 플레밍은 1945년 노벨 의학상을 수상했다.

항세균성 물질을 연구하던 플레밍은 1922년 **리소자임**(lysozyme)이라는 효소 물질을 발 견한다. 세균을 관찰하던 중 배양 접시 위에 떨어진 콧물을 관찰한 결과 콧물이 떨어진 부 분의 세균이 죽는 것을 알게 되었고 콧물이나 눈물 등에 존재하는 리소자임을 발견했다. 리소자임은 세포벽을 구성하는 펩티도글리칸(peptidoglycan)을 분해하는 항균 효소이다.

얼마 지나지 않아 1928년 인플루엔자 바이러스를 연구하던 중 포도상구균 (*Staphylococcus aureus*)을 배양했던 페트리 디쉬(petri-dish) 중 하나에 뚜껑이 열려있었 으며, 그 안에 푸른곰팡이가 자랐으며 곰팡이 주위로 [1]균들이 용해된 띠를 발견하게 된 다. 포도상구균은 일반적으로 쉽게 용해되지 않는 균이다. 플레밍은 이 푸른곰팡이에 대

---

1) Clear Zone: 미생물의 생장이 억제되어 미생물이 자라지 않는 지역을 의미한다.

그림 1-5 (a) Alexander Fleming(1881-1955), (b) *Penicillium chrysogenum*

해 연구를 진행하였고 폐렴균, 탄저균 등의 세균을 죽이는 물질을 생산한다는 것을 밝혔다. 페니실린은 세포벽의 펩티도글리칸 합성을 저해해 세포막을 터트려 생육을 억제한다. 최초의 항생제인 페니실린은 우연히 날아든 곰팡이에 의해, 또한 이런 작은 현상도 가볍게 넘기지 않은 세심한 과학자의 손에 의해 발견되었다. 이 푸른곰팡이는 페니실린을 만들어내는 **페니실리움 노타툼**(*Penicillium notatum*, 현재는 *Penicillium chrysogenum*으로 불림)이다. 플레밍의 페니실린 발견 이후 병리학자인 플로리(Howard Walter Florey)와 체인(Ernst Boris Chain)이 페니실린을 대량 정제해 상용화의 길을 열었다.

5 역사 속 미생물 사건

세계보건기구(WHO)는 전염병의 위험도에 따라 전염병 경보단계를 1단계에서 6단계까지 나누는데 경고 최고 등급인 6단계를 전염병의 대유행 **'판데믹'**(pandemic)이라 한다. 'pan'은 '모두', 'demic'은 '사람'을 뜻하는 그리스어로 전염병이 세계적으로 전파되어 모든 사람이 감염된다는 의미를 갖고 있다. 역사적으로 가장 악명 높았던 판데믹은 중세 유럽 인구 1/3이 사망한 흑사병이다. 20세기 스페인 독감(사망자 약 2,000~5,000만 명 추정), 1957년 아시아 독감(사망자 약 100만 명 추정), 1968년 홍콩 독감(사망자 약 80만 명 추정)도 판데믹으로 볼 수 있다. 세계보건기구는 2009년 신종플루 인플루엔자 A(H1N1)에 대해 판데믹을 선언한 바 있다. 판데믹을 일으키고 있는 박테리아나 바이러스뿐 아니라 항생제의 오남용으로 인한 새로운 슈퍼박테리아의 출현도 앞으로의 인류에게 커다란 문제이며, 식품과 관련하여 식중독 유발 미생물 역시 제대로 알고 대처해야 하는 일이라 하겠다.

1) 전염병의 공포, 페스트(Pest)

14세기 유럽 인구의 3분의 1이 사망한 흑사병은 인류 역사에 기록된 최악의 전염병으로, 박테리아의 일종인 에르시니이 페스티스(*Yersinia pestis*)가 원인균이며 '페스트' 라고도 부른다. 당시 유럽에서는 흑사병의 원인이 무엇인지 몰랐기 때문에 수많은 환자와 약자들이 학살을 당하기도 했다. 피부가 검게 변하면서 전신에 출혈성 괴저가 발생해 죽음에 이르게 하는 특성 때문에 흑사병이라는 이름이 붙여졌으며, 세균에 감염된 쥐의 혈액을 먹은 벼룩이 사람의 피를 빨면서 균이 전파된다.

1334년도에 중앙 아시아에서 처음 시작되어 러시아 모스코에 1722년도에 마지막 환자가 보고되었을 정도로 오랜 기간 동안 유럽을 창궐했던 병원균이다. 당시 페스트균이 본격적으로 확대된 이유는 1346년경 킵차크 제국(몽골의 제국)의 전쟁 때문인 것으로 보고 있다. 전쟁 중 병사들이 이유 없이 계속 죽어가자 지휘관은 돌을 쏘아 보내는 기구를 이용해 썩은 병사들의 시체를 성벽 안으로 날렸고, 성 안의 로마인들은 탈출하여 흑해를 따라 지중해를 건너 본국(이탈리아)으로 오게 되는데 이 때 페스트균이 유럽으로 옮겨온 것으로 추측하고 있다. 페스트는 감염 시 증세가 격심하고 사망률도 높으며, 전염력이 강

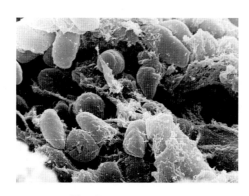

그림 1-6 *Yersinia pestis*
(출처: http://commons.wikimedia.org)

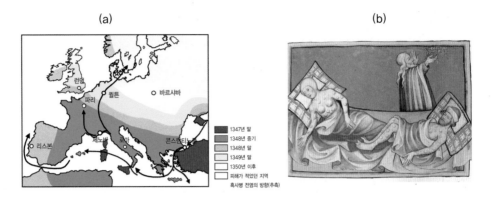

(a)   (b)

그림 1-7 (a) 유럽의 페스트 전파 경로, (b) 당시 페스트 환자를 묘사한 그림

하기 때문에 법정 전염병인 동시에 검역 전염병으로 분류된다.

　　환자로부터 2)비말 감염이나 배설물에 의한 감염도 있으나, 보통은 쥐 과의 동물을 흡혈한 벼룩에 물려서 감염되는 경우가 많다. 잠복기는 2~5일이며 일반적인 증세는 오한과 40℃ 전후의 고열, 현기증 및 구토 등이 있으며 의식이 혼탁해진다. 페스트의 몇 가지 유형 중 주된 것은 전신의 림프절에 출혈성 염증을 일으키는 선(腺)페스트와 급성 출혈성 기관지 폐렴과 호흡 곤란을 일으키는 폐(肺)페스트이다. *Yersinia pestis*는 그람음성균인 단간균으로 조건에 따라 변형하기 쉽다. 운동성은 없고 포자(spore)도 만들지 않는다. 1894년 프랑스 세균학자 예르생(Yersin)이 홍콩에서 발견하여 분리하였다.

그림 1-8 식중독 관련 신문기사
(출처: 동아일보, 2008. 8. 11.)

---

2) 비말 감염: 환자가 재채기나 기침을 할 때 튀어나온 병원균에 의하여 감염된다.

2) 집단 식중독

1997년 9월 한국, 미국산 수입 쇠고기에서 장출혈을 유발하는 병원성 대장균의 일종인 E. coli O-157:H7이 검출되며, 3개월간 163건의 식중독 사건을 발생되었다("E. coli O-157 미 쇠고기 방역 비상"—조선일보, 1997.09.26.). 세균성 식중독은 이와 같이 다발적으로 발생하는 것이 특징이다. 2008년도에 일어난 병원성 대장균 O-157 사건은 식품위생안전관리의 중요성을 인식하고 정책적인 대책을 마련하는 계기가 되었다.

대장균(Escherichia coli)은 사람과 동물의 장관에 상주하는 세균으로 식품의 위생 상태, 특히 분변 오염과 병원성 세균의 오염을 대표하는 위생 지표균이다. 특히 병원성 대장균 O-157:H7은 세균성 장염, 특히 독소(verotoxin)를 생성하고 장점막에 부착하여 출혈성 장염을 일으킨다. pH 4에서도 생존 가능하나 70℃에서 2분간 가열하면 사멸된다. 즉, 충분히 가열한다면 큰 문제가 되지는 않는다. 그러나 우리나라의 식문화 특성상 육회 등의 생고기 섭취는 오염육의 경우 문제를 야기할 수 있기 때문에, 식중독 예방에 항시 주의를 기울여야 한다.

1982년 미국에서 분쇄육 패티가 들어간 햄버거를 먹고 집단으로 출혈성 설사 환자가 발생했다. 일본에서는 1990년 사이마타 현에서 지하수 오염이 원인이 되어 319명의 환자와 2명의 사망자가 발생한 집단 식중독이 있었고, 1996년 5월 일본 오카야마 현에서 468명의 환자와 2명의 사망자, 7월에는 오사카에서 환자 5,591명과 2명의 사망자를 낸 대규

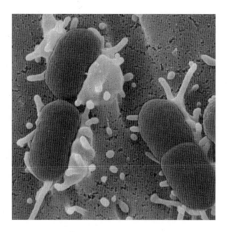

그림 1-9 E. coli O-157
(출처: http://lancastria.net/blog/2010/11/19)

모 집단 식중독이 발생하였으며, 지하수를 비롯한 육회, 우유, 소시지, 무순, 양배추, 야채절임, 메밀국수, 메론 등에서 세균이 검출되었다. 이처럼 세균에 의한 집단 식중독은 주로 오염된 분쇄육, 충분히 멸균되지 않은 우유나 주스, 오염된 야채와 샐러드에 의하며 발열을 동반하지 않는 급성 출혈성 설사와 경련성 복통이 특징이다. 독소가 장점막이나 신장 세포를 파괴하여 혈변 또는 신장기능 장애를 일으키며 변에 백혈구가 검출되지 않는 것이 일반 설사증과 구별할 수 있는 특징이다. 유아의 경우 합병증 발생률은 약 10%로 이 중 2~7%가 사망하고 있다.

3) 슈퍼박테리아(Super bacteria)

슈퍼박테리아란 기존 항생제에 저항할 수 있는 능력을 획득한 세균을 말한다. 항생제는 병원균에 의한 감염 증상을 치료하기 위해 사용되지만, 잦은 사용 및 올바르지 못한 방법의 투약 등에 의해 항생제에 내성을 갖는 미생물이 생겨나게 된다. 세균에 감염된 환자의 치료를 위해 더 강력한 항생제를 사용하게 되고, 이에 저항하는 더 강한 박테리아가 생겨나, 결국 어떤 강력한 항생제에도 저항할 수 있는 박테리아가 생겨나는데 이를 **슈퍼박테리아**라고 한다.

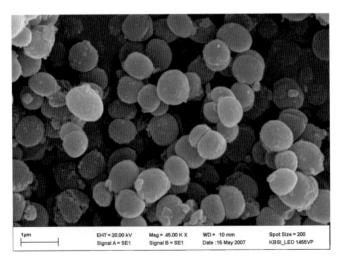

그림 1-10   황색포도상구균
(출처: http:commons.wikimedia.org/)

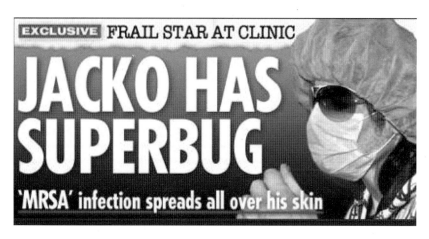

그림 1-11 'The SUN(2009. 2. 12.)'에 보도된 마이클잭슨 모습
(출처: http://thesun.co.uk/)

최초로 보고된 슈퍼박테리아는 1961년 영국에서 발견된 '메티실린내성 황색포도상구
균'(MRSA, methicillin resistant *Staphylococcus aureus*)이다. 식중독균으로 잘 알려져
있는 [3]황색포도상구균은 피부나 점막에 일반적으로 존재하는 병원성 세균이다. 피부에
상처가 발생하면 화농성 감염증을 일으키며 다량 섭취 시 식중독을 유발한다. 이 황색포
도상구균 중 메티실린(methicillin)이란 항생제에 저항성을 보이는 균이 바로 MRSA이다.
마이클 잭슨이 잦은 성형 수술로 인해 감염증을 앓았다는 슈퍼박테리아가 바로 이 MRSA

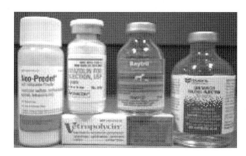 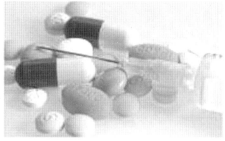

그림 1-12 다양한 항생제 제제

---

3) 황색포도상구균(*Staphylococcus aureus*): 생육하면서 세포 덩어리를 형성하는 그람 양성의 통성혐기성 세균이다. 건
강한 사람이나 가축의 피부와 비강 표면에 일반적으로 존재한다. 내열성 외독소(exotoxin)를 생산하여 식중독을 유발
한다. 숙주의 식세포(phagocyte)를 죽이는 독소이며 용혈소 및 응고 효소 등을 분비하여 감염 숙주 세포의 저항성에서
벗어나 화농성 감염증을 유발한다. 페니실린 발견의 단서가 된 세균으로 유명하다.

이다. 슈퍼박테리아에 감염되면 이 증세를 치료할 항생제가 없기 때문에 온몸에 쉽게 번지고 감염 부위에 염증을 심하게 일으켜 피부를 썩게할 수 있으며 심하면 생명을 앗아갈 수도 있는 것이다. 마이클 잭슨의 직접적인 사망 원인은 밝혀지지 않았으나, 이 감염증으로 많은 고통을 받았을 것이다.

1996년 일본에서 발견된 '밴코마이신 내성 황색포도상구균' (VRSA, vancomycin-resistant *Staphylococcus aureus*)은 현재까지 개발된 항생제 중 가장 강력한 항생제인 밴코마이신(vancomycin)에 저항하는 균이다. 그러나 밴코마이신을 치료할 수 있는 내성균이 각국에서 보도되고 있으며 서서히 사망자가 발생되고 있다.

우리나라에서도 병원 내 장기입원환자에게서 발견된 바 있는 '카바페넴 내성 장내 세균' (CRE, carbapenem resistant Enterobacteriaceae) 역시 면역력이 약한 사람에게 폐렴, 폐혈증 등을 유발하는 치명적일 수 있는 슈퍼박테리아이다.

2011년에 독일에서 유행한 슈퍼박테리아는 '장출혈성 대장균의 변종' 이라 추정한다. 알려진 대장균과는 다른 희귀 박테리아로 유럽 내 수십 명의 사망자를 발생시켰으며 수천 명이 합병증을 앓고 있다. 한때 스페인산 오이가 이 사건의 원인으로 지목되었으나 감염된 콩에서 난 새싹이 발생 원인으로 발표되면서 국제 무역의 긴장감을 일으키기도 했다.

최근 영국에서는 항생제 생산에 널리 쓰이는 스트렙토마이세스 코엘리컬러 (*Streptomyces coelicolor*)의 유전자 지도를 완성해 슈퍼박테리아의 내성에 관여하는 핵심 유전자를 연구하고 있다. 하지만 항생제의 남용 및 오용 문제는 더 강력하고 새로운 슈퍼박테리아를 언제든 만들어 낼 수 있는 위험성을 여전히 내포하고 있는 것이다.

4) 바이러스의 공격

(1) 인플루엔자 바이러스(Influenza virus)

인플루엔자 바이러스는 공기를 통해 호흡기에 침투해 질병을 유발하는 바이러스이다. 바이러스 입자의 표면에는 항원으로 작용하는 [4]돌기들이 있어서 변이가 쉽기 때문에 해

---

4) 바이러스입자는 표면 항원인 13종의 V항원(HA)과 9종류의 S항원인 뉴라미다아제(NA)에 의해 구분한다. 1918년 스페인 독감(H1N1 타입), 1957년 아시아 독감(H2N2 타입), 1968년 홍콩 독감(H3N2 타입), 1977년 러시아 독감(H1N1 타입), 신종플루(H1N1 타입), 조류 독감(H5N1 타입) 등의 이름이 바로 여기서 유래한다.

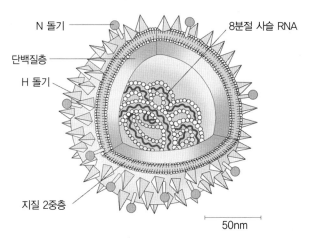

그림 1-13　인플루엔자바이러스 세부 모식도
(출처: 생명과학대사전, 강영희, 2008)

마다 그 해에 유행하는 독감에 대한 예방 주사가 필요한 것이다. 바이러스는 유전 물질 (핵산)과 이를 둘러싼 단백질 껍데기(캡시드, capsid)로만 이루어진 매우 단순한 세포로, 유전 물질은 가지고 있지만 이를 작동할 수 있는 시스템이 없다. 따라서 숙주세포에 침투하여 자신의 유전 물질을 숙주세포의 DNA속에 슬쩍 끼워 넣어 숙주 세포의 시스템을 이용해 증식한다. Virus들은 증식이 완성되면 이용한 숙주 세포를 터트리고 밖으로 탈출해 또 다른 세포를 감염시키고, 증식하고 터트리고를 반복한다.

1918년 **스페인 독감**(Spanish influenza)으로 2년간 전 세계에서 2~5천만 명이 사망했으며 이는 14세기 페스트가 유행했을 때의 약 3천만 명의 사망자보다 훨씬 많은 숫자로 지금까지도 인류 최대의 재앙으로 꼽히고 있다. 독감이 처음 보고된 것은 1918년 초여름이며 제1차 세계 대전 중 프랑스에 주둔하던 미군에게서 발생하여 8월 첫 사망자가 나오고, 이후 급속히 번지면서 치명적인 독감으로 발전했다. 제1차 세계 대전에 참전했던 미군들이 본국으로 귀환하면서 9월에는 미국에까지 확산되어, 9월 12일 미국에서 첫 환자가 발생했고 한 달여 만에 2만여 명의 미군이 독감으로 죽고, 총 50만 명의 미국인이 죽었다. 1919년 봄에는 영국에서만 15만 명이 죽고, 2년 동안 전 세계에서 2500만~5000만 명이 죽었다. 한국에서도 740만 명이 감염되었으며 감염된 이들 중 14만여 명이 사망한 것으로 알려져 있다. 당시에는 바이러스를 분리, 보존하는 기술이 없어 원인균을 밝혀내지 못했으나 2005년 미국 연구팀이 알래스카에 묻혀 있던 한 여성의 폐 조직에서 스페인 독감 바이러스를 분리해냈다.

이 바이러스는 2000년대 초부터 아시아를 중심으로 대유행한 **조류 독감 바이러스**(AI, Avian influenza) H5N1과도 거의 일치한다. AI는 닭, 칠면조 등의 가금류에서 독감을 일으키는 것으로 알려져 있었으나, 1997년 홍콩에서 닭이나 오리의 배설물로부터 인간에게 감염된 사례가 발견되면서 한때 전세계가 긴장했었다.

독감은 독한 감기가 아니라 다른 종류의 바이러스로 인하여 면역 체계에 이상을 일으킨 것을 의미한다. 독감은 주로 겨울철에 인플루엔자 바이러스에 의해 발생한다. 항바이러스 제재로 치료가 가능하나 바이러스 자체를 죽이는 것이 아니라 바이러스가 숙주세포 표면에 부착하는 것을 차단하는 방식이므로 조기 치료가 우선된다. 조류 독감 바이러스 치료제로 개발된 타미플루는 신종플루 H1N1에도 치료에도 효과가 있었다. 바이러스가 숙주 세포에 침투하는 경로만 차단하는 것이기 때문에 이미 많은 세포가 감염됐을 시엔 효과가 반감한다. 따라서 치료시기가 늦어지면 2009년 멕시코와 같이 많은 사망자를 야기할 수도 있다. 독감은 심한 근육통이나 위장관 증상을 동반하며 후유증이 심해지면 급성 폐렴, 기관지염 등으로 사망하기도 한다.

반면 감기 바이러스는 라이노 바이러스(Rhinovirus)나 아데노 바이러스(Adenovirus) 등에 의해 사계절 내내 상기도에 감염하여 발생된다. 알려진 감기 바이러스는 약 200여 종으로 어떤 바이러스에 의해 유행하는지 알 수 없기 때문에 예방 접종은 의미가 없다. 연령층이 높을수록 여러 종의 항체를 획득하므로 어른보다는 5세 미만의 어린이에게서 증세가 심하다. 건강한 사람의 경우 2주 내로 자가 면역을 통해 저절로 낫는다. 심각한

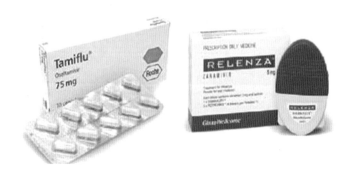

그림 1-14 타미플루와 리렌자

후유증은 없으나 고위험군 환자의 경우 합병증이 발생하기도 한다.

신종플루 치료제로 이름을 먼저 알린 타미플루와 리렌자가 바로 항바이러스제다. 바이러스는 변종이 끊임없이 일어나기 때문에 항바이러스제가 100% 효과를 발휘하기 어렵지만, 지금까지 항바이러스제(뉴라미니다아제 억제제)는 H5N1이 속한 인플루엔자 바이러스에 치료 효과가 있었다.

(2) 사스 바이러스

사스(SARS, Severe Acute Respiratory Syndrome) 또는 중증 급성 호흡기 증후군은 2002년 11월, 중국에서 첫 환자가 발생한 것으로 추정하며, 이후로 전세계로 확산된 바이러스

표 1-2 국가별 SARS 감염 보고(2002년 11월 1일 ~ 2003년 7월 31일)

국가 및 지역	감염	사망	다른 원인으로 인한 사스 감염	사망자 비율(%)
중국*	5328	349	19	6.6
홍콩*	1755	299	5	17
캐나다	251	44	0	18
타이완	346**	37	36	11
싱가포르	238	33	0	14
베트남	63	5	0	8
미국	27	0	0	0
필리핀	14	2	0	14
몽골	9	0	0	0
마카오*	1	0	0	0
쿠웨이트	1	0	0	0
아일랜드 공화국	1	0	0	0
루마니아	1	0	0	0
러시아	1	0	0	0
스페인	1	0	0	0
스위스	1	0	0	0
대한민국	1	0	0	0
전체	8273	775	60	9.6

(*) 중화인민공화국에서 특별 감시구역(마카오 SAR, 홍콩 SAR)을 제외한 것임. WHO에서 별도로 구분하여 보고한 것이다.
(**) 2003년 7월 11일 이후 타이완의 감염 사례는 불확실하다. 보건 정보의 경우 135건 정도가 미확인된 자료로 환자들 중 1명이 사망하였다는 보고가 있다.
(출처: http:// www.who.int/en/)

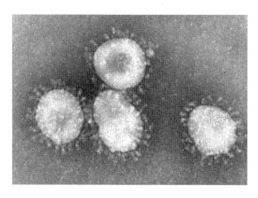

그림 1-15 *Corona Virus*
(출처 : http://commons.wikimedia.org/)

성 전염병이다. 2003년 2월 호흡기 질환으로 중국 광둥성에서 5명의 사망자가 발생하였고, 2003년 3월 홍콩에서 미국인 사업가가 사망하면서 치료했던 중국·베트남·홍콩의 병원 의료진도 감염되었다. 유럽 각국, 미국·캐나다, 아시아 각국 등 세계 32개국에서도 약 8개월간 83,000여 명의 감염이 보고된 바 있다.

사스 바이러스의 잠복기는 2 ~ 7일이며, 10일 이상인 경우도 있다. 치사율은 약 10%로 일반적인 호흡기 질환보다 훨씬 높다. 인플루엔자 바이러스가 원인인 독감의 사망률보다 낮은 사망율이지만 코로나 바이러스(*Corona Virus*)가 변종을 일으켜 백신 생산이 지연되어 바이러스 유행 당시 질환자의 사망률이 높았다.

5) 광우병-특정위험물질(SRM, Specified Risk Material)

광우병은 소의 뇌에 생기는 신경성 질환으로 '우해면양뇌증(BSE, bovine spongiform encephalopathy)'이고, 소가 이 병에 걸리면 미친 듯이 난폭해지기 때문에 광우병(mad cow disease)이라고 부른다. 이 병에 걸린 소는 침을 흘리고 비틀거리는 증상을 보이다가 뇌에 스펀지처럼 작은 구멍이 생겨 이내 죽는다. 특히 광우병에 걸린 소를 먹은 경우 인간광우병(변형 크로이츠펠트-야콥병, 일명 인간광우병)이 발병할 수 있다.

광우병과 크로이츠펠트-야콥병을 일으키는 병원체는 바이러스가 아니다. 바이러스보다 작고, 유전자를 가지지 않은 **프리온**(Prion)이라는 단백질이다. 프리온은 정상적인 단백질이지만 변형된 프리온이 동물이나 인간의 뇌 속에 축적되면 세포를 파괴해 조직에

스폰지 구멍을 형성하게 된다. 광우병 유발 물질은 생물이 아닌 물질이기 때문에 가열에도 효과가 없다. 또한 단백질임에도 불구하고 그 자체가 전염성을 가지고 스스로 복제를 하며, 종(species)간의 감염이 가능한 것으로 알려졌다.

광우병은 정형과 비정형이 있는데, 정형 광우병은 동물성 사료를 오래 섭취해 소의 몸 안에 병 유발물질인 변형 프리온이 뇌간에 쌓여 발생하며, 침을 흘리고 제대로 일어나지 못하는 등의 증상을 보인다. 비정형 광우병은 프리온체가 소뇌에 쌓여 발생하며 분자량도 정형과 약간 다르다. 아직까지 발병원인이 뚜렷하지 않으나 사람에게도 치매가 오는 것처럼 산발적으로 늙은 소에게 자연적으로 발생하는 경우가 많아 노화 현상이거나 자연돌연변이일 것으로 생각하고 있다. 인간 감염율이 높은 것이 정형인지 비정형인지에 대한 연구는 아직 뚜렷하지 않으며, 정형 또는 비정형 광우병 모두 발병한 소는 폐기하도록 하고 있다.

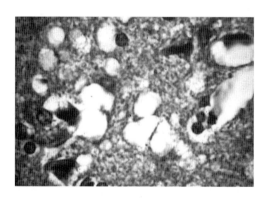

그림 1-16　Prion단백질에 의한 조직의 스펀지화

6 미생물학의 연구 분야

미생물에 관계되는 모든 것을 연구하는 학문이 미생물학(Microbiology)이며 현대의 미생물 연구 분야는 매우 넓다. 그 중 최근에는 미생물의 유전자를 연구하는 분야가 상당히 발달하여 DNA 염기서열을 *in vitro*(생체 밖, 즉 시험관)에서 재합성하여 단백질을 생산하는 등의 기술도 등장했다. 미생물학의 연구 분야는 다루고 있는 미생물의 종류에 따라서 세균학(Bacteriology), 균학(Mycology), 바이러스학(Virology), 원생동물학(Protozoology), 조류학(Algology) 등의 전문 분야로 분류할 수 있다.

또한 식품의 발효와 부패를 일으키는 미생물이 식품의 생산과 보존에 미치는 영향이나 식중독과 관련된 내용 등을 포함하는 식품 미생물학(Food microbiology), 미생물의 침입과 관련된 면역계의 방어 시스템 및 질병의 전파와 확산 등에 대해 연구하는 의학 미생물학(Medical microbiology), 환경 오염을 일으키거나 제어하는 미생물을 대상으로 연구하는 환경 미생물학(Environmental microbiology), 미생물을 이용한 각종 화학제의 산업적 생산과 식량, 에너지 생산, 환경 정화 등에 대한 연구의 산업 미생물학(Industrial microbiology), 화산이나 온천지대, 남극과 북극, 고농도 염분, 강산 또는 강알칼리 환경 등의 극한 환경에서 자라는 미생물의 생리를 연구하는 극한 미생물(Extremophiles) 분야, 토양 미생물학(Soil microbiology), 미생물 효소 공학, 발효 미생물학, 미생물 자원학 등 다양한 응용 분야가 있다. 이러한 각 전문 분야의 연구는 서로 연결되어 있다. 예를 들면 식품 미생물학은 발효 식품의 제조 공정 및 단세포 단백질(SCP, single cell protein)의 생산과 관련된 산업 미생물학, 발효 미생물학, 생물 공학 연구와 밀접한 관련이 있다. 또

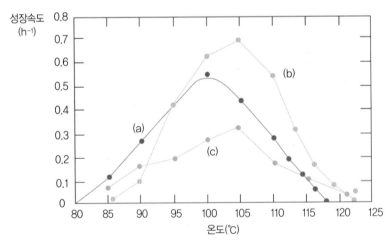

그림 1-17   PNAS, 2008에 등재된 122℃ 초호열균(hyperthermophilic).
2008년 새로 발견된 균주, *Methanopyrus kandleri*는 압력이 높아질수록 고온에서 자란다.
(a) 압력: 0.4MPa, 온도: 116℃, (b) 압력: 20MPa, 온도: 122℃, (c) 2003년 발견된 121℃ 생육균
(출처: PNAS, 2008. 5)

한, 식중독이나 전염병 등의 질병에 관한 연구는 의학 미생물학, 농업 미생물학 연구와 관계되어 있다. 이렇듯 미생물과 관련한 모든 전문 연구는 미생물학에 대한 기본적인 지식을 바탕으로 한다. 따라서 식품 미생물학을 이해하기 위해서 미생물의 구조, 미생물의 분류 및 동정방법, 미생물의 증식 및 영양, 미생물의 배양 등에 관련한 지식의 습득이 필요하다.

7 식품 미생물학의 연구 분야

식품 미생물학은 응용 미생물학의 한 분야로서, 자연계에 널리 분포하는 미생물 중에 인간의 식품 섭취(발효, 부패, 식품위생, 식품에서 기인하는 질병 및 식중독, 식품의 저장 및 보존) 및 환경(수질 관리, 실험실 관리, 품질 관리)과 밀접한 관계가 있는 미생물을 연구하는 학문이다. 특히 식품의 부패와 연관이 깊은 세균이 가장 많은 연구의 대상이다. 효모와 곰팡이도 많은 관심을 받는 분류이다. 또한 최근에는 조류 독감, 신종인플루엔자 바이러스, 슈퍼박테리아, 광우병 등의 식품 위생과 관련된 연구들이 활발히 진행되고 있어 식품위생적 측면에서 그 중요성이 커지고 있다.

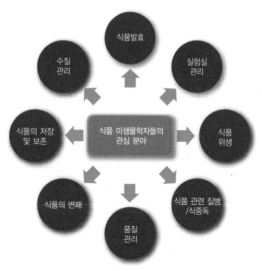

그림 1-18 식품 미생물학 연구의 주요 관심 분야

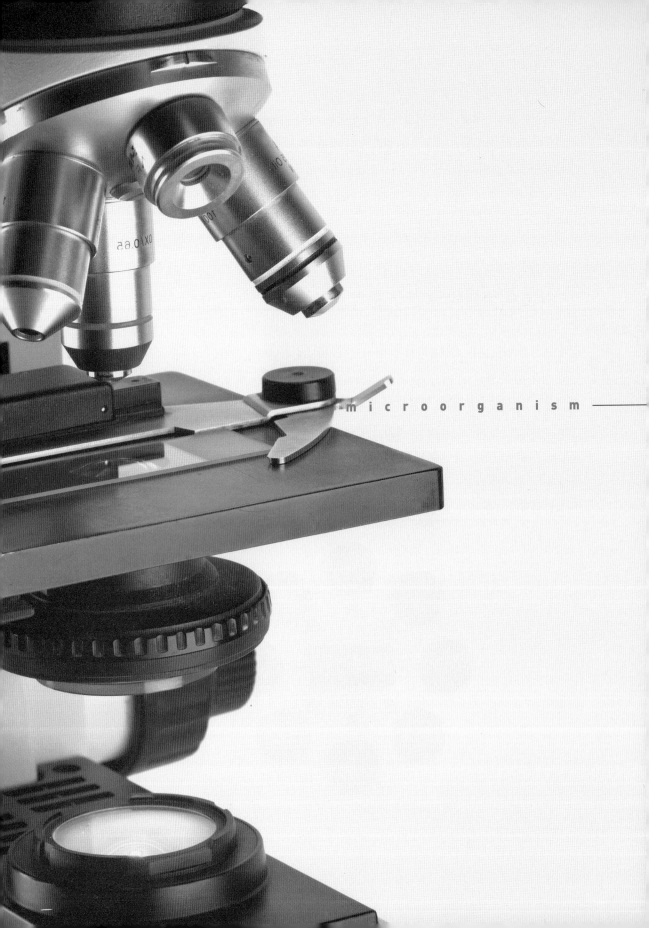

microorganism

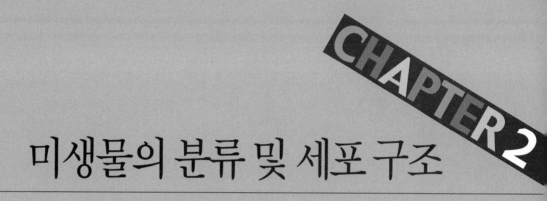

미생물의 분류 및 세포 구조

CHAPTER 2

미생물의 분류 및 세포 구조

1 미생물의 분류 체계 및 세포 구조

1) 미생물학 분류

미생물(microorganism, microbe)은 매우 작아서 눈으로는 볼 수 없는 아주 작은 생물을 의미하며, 분류학적 용어는 아니다. 분류학(taxonomy)이란 지구상의 생존하는 모든 생물을 특정기준에 따라 특성별로 비슷한 그룹으로 나누는 생물학 분야의 하나이다. 분류학은 분류(classification), 명명(nomenclature), 동정(identification) 3가지 개념을 포함하고 있다. 각각의 개념을 살펴보면 다음과 같다.

- 분류(classification): 생물체의 유사 특성이나 진화적 연관성을 기준으로 유사한 종류별로 묶는 방법을 통칭한다.
- 명명(nomenclature): 정해진 방법에 따라 분류군별로 이름을 부여하는 방법을 말한다.
- 동정(identification): 다양한 분류 방법을 통한 분석 결과로 대상 생물에 대한 분류 체계상의 위치를 결정하는 것을 말한다.

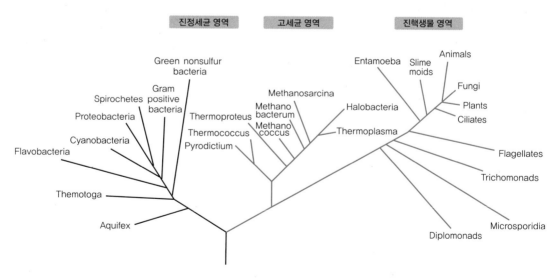

그림 2-1 16S 및 18S rRNA 염기서열에 따른 생물의 계통수

미생물은 16S rRNA와 18S rRNA 염기서열 분석 결과를 토대로 3개의 도메인(domain)으로 분류되었다(1990, Woose et al.). 3개의 도메인은 진정세균(bacteria), 고세균(archaea) 및 진핵세균(eucarya)이다.

고세균은 온천이나 극지에 사는 특별한 세균들로, 세포막 구성이나 유전자 서열이 확연히 달라 새롭게 분류체계에 편입됐다. 따라서 세균과 엄밀하게 구분하기 위해 진정세균(eubacteria)으로 구별한다. 우리가 아는 동물, 식물은 모두 진핵생물계에 속한다. 미생물은 말 그대로 작은 생물을 뜻할 뿐이며 분류 체계 상의 이름이 아니다. 동물, 식물, 균류를 제외한 모든 생물들이 미생물에 속한다. 생물 분류의 가장 유력한 학설은 3영역 6계설로 원핵 생물을 진정세균과 고세균으로 분리하고, 진핵생물과 함께 3영역으로 분류한다. 3영역은 진정세균계, 고세균계, 원생생물계, 균계, 식물계, 동물계로 나누어 6계로 분류한다(표 2-1).

표 2-1 미생물의 분류학적 위치

영역(domain)	계(kingdom)
진정세균(Eubacteria)	진정세균계(대장균)
고세균(Archaea)	고세균계(초호열성 세균)
진핵생물(Eukaryote)	원생생물계(아메바) 균계(효모, 곰팡이) 식물계 동물계

3영역(진정세균역, 고세균역, 진핵생물역) 6계(동물계, 식물계, 원생생물계, 균계, 원핵생물계, 진균생물계) 아래로 식물의 분류 단계와 같은 종(species), 속(genus), 과(family), 목(orders), 강(classes), 문(phyla)의 오름차순의 단계로 구분한다. 단계가 높아질수록 포함되는 종의 수는 증가된다. 각 단계에는 특정 접미어가 붙는다.

미생물 분류의 기준 단위는 종(species)이다. 종은 상호 교배하여 번식력을 가진 자손을 낳을 수 있는 생물제의 집단을 의미한다. 유성 생식을 하지 않는 원핵생물(세균, 고세균)은 유전적, 형태적, 생리생화학적 특성에 따라 분류한다.

표 2-2 미생물의 분류 단계 및 명칭의 예시

분류 단계(Taxonomic rank)	접미어(Suffix)	예시(example)
문(Phyla)	-mycota	*Proteobacteria*
강(Classes)	-mycetes	*γ-Proteobacteria*
목(Order)	-ales	*Pseudomonasdale*
아목(Suborder)	-ineae	*Pseudomonasdineae*
과(Family)	-aceae	*Pseudomonadaceae*
아과(Subfamily)	-oidea	*Pseudomonadoideae*
족(Tribe)	-eae	*Pseudomonadeae*
아족(Subtribe)	-inae	*Pscudomonadinae*
속(Genus)	–	*Pseudomonas*
종(Species)	–	*Pseudomoas aeruginosa*
아종(Subspecies)	–	*Pseudomonas pseudoalcaligenes* subsp. *citrulli*
		Pseudomonas pseudoalcaligenes subsp. *konjaci*
		Pseudomonas pseudoalcaligenes subsp. *pseudoalcaligenes*
변종(Biovar)	–	*Pseudomonas fluorescens* biovar I

미생물 분류학에서 사용되는 분류 방법은 다양하다. 미생물의 형태나 생리적 특성을 이용하는 방법, 화학적 특성을 이용하는 방법, 염기서열과 조성을 이용하는 방법, 균주간 의 유사성을 비교하는 방법 등이 있는데 하나씩 살펴보기로 하자.

(1) 형태적 분류

미생물 세포의 형태는 구형 세포, 막대형 세포 등 모양이 다양하며, 크기도 다양하다. 이런 세포 모양에 따라 구균(쌍구균, 연쇄상구균, 포도상구균, 사연구균), 간균(단간균, 간균, 장간균, 연쇄상간균, 나선균)으로 분류된다. 그 외 포자의 형성, 편모나 섬모, 운동성 여부 등에 따라 분류되고 있다. 그러나 많은 종류들이 유사한 형태나 특징을 가지므로 이기준만으로 미생물을 분류하기는 어렵다.

(2) 생화학적 분류

미생물은 형태적 특징이 유사한 것이 많으므로 세포벽의 화학적 조성, 대사 과정에 관여하는 효소 단백질의 유무 등 미생물의 화학적 특징을 비교하여 분류하는 방법이다. 세포벽의 지방산 조성, 아미노산 조성, 당 조성, 인지질 조성, 크로모좀(chromosome) 조성 등 다양한 생화학적 특징을 종이 크로마토그래피, 고성능 액체 크로마토그래피, 기체 크로마토그래피 등의 장비를 이용하여 분석하고 그 결과를 비교하여 미생물을 분류한다. 최근 들어 새로운 미생물을 보고할 때 생화학적 분석 결과의 제시가 강조되고 있다.

(3) 분자생물학적 분류

미생물이 가지고 있는 유전자, 즉 DNA를 구성하고 있는 염기서열의 차이를 이용하는 방법으로 미생물, 특히 세균 분류의 기준이 되는 방법으로 16S rRNA 분석이 널리 이용되고 있다. 또, DNA의 평균염기조성은 G+C mol%로 나타내며, 전 염기조성에서 구아닌(G, guanine)과 시토신(C, cytosine)이 차지하는 함량을 나타낸 것이다. 그 외 DNA-DNA 상동성(hybridization)분석법은 비교 균주 간의 종을 구분 지을 수 있는 중요 마커로 이용되고 있다.

(4) 수치적 분류

위에서 나타낸 분류법이 중요한 특징(key character)을 중심으로 비교하는 것과 달리, 수치 분류는 다양한 특징들에 대하여 각 균주 간 유사성(similarity value)을 + 또는 -로 나타내고 통계 처리하여, 유사도가 높은 순서로 분류하는 방법이다. 수치 분류에서는 사용되는 모든 특징이 같은 비중을 갖는다는 전제로 유사성을 평가하는데 결과 처리는 컴퓨터를 이용하며, 적어도 50개 이상의 특징이 비교되어야 한다. 세균 중에서도 방선균, 특히 *Streptpmyce* 속의 균주들을 비교하는데 많이 사용되었다.

2) 미생물의 명명법

미생물의 이름을 붙이는 명명법은 스웨덴 식물학자 린네(Carl von Linne)의 방법을 적용한 이명법(binomial nomenclature)을 사용한다. 특히 세균은 국제세균명명규약(International Bacterial Code of Nomenclature)에 따른다. 보통 첫 번째는 속명을 대문자로 나타내고, 두 번째는 종명을 소문자로 나타내며, 이탤릭체로 표시한다. *Pseudomoas aeruginosa*의 예시처럼 속명인 *Pseudomoas*와 종명인 *aeruginosa*로 나열한 이명법으로 표시한다. 국제세균분류명명 위원회에서는 명명 규약을 기준으로, 1980년 1월 1일부로 '세균학명 승인목록(Approved lists of bacterial names)'을 출판하고 세균의 학명 관리를 시작하였다. 새로운 학명은 공식학술지인 IJSEM(International Journal of Systematic and Evolutionary Microbiology)에 발표되어야 하며, IJSEM에 발표된 것만 정식 학명으로 간주된다. 세균은 명명 기준(nomenclature type)을 지정해야 하는데, 속(genus)에는 표준종(type species)을, 종(species)에는 표준 균주(type strain)를 지정해야 하며, 하나의 속에는 적어도 하나의 종을 포함해야 한다.

미생물의 이름에는 발견된 출처, 미생물의 특성(모양, 대사물질, 서식지 등), 발견자 이름, 병원성균의 경우 질병 관련 내용에 바탕을 두고 명명하는 경우가 많다. 때문에 미생물의 이름은 어원 등을 살펴보면 이해하기 쉬우며 미생물의 특징까지도 유추가 가능하다.

(1) 속(genus)명과 종(species)명을 조합한 2명법을 사용한다.

(2) 라틴어의 실명사, 형용사 등을 사용하고 이탤릭체로 쓴다.

- 예)   *Saccharomyces   cerevisiae*
  (속명: '당균(糖菌)'을 의미) (종명: '맥주'를 의미)

(3) 같은 균이 여러 가지일 경우는 속명+종명+번호를 붙이기도 한다.

- 예) *Bacillus subtilis* 168

3) 미생물의 동정

다양한 분류 방법을 이용한 분석 결과를 토대로 대상 미생물이 기존의 분류군에 속하는지, 기존의 분류군에 속한다면 분류학적 위치가 어디에 해당하는지 등을 찾아가는 것을 동정이라고 한다. 세균의 경우는 주로 16S rRNA 염기서열 분석 결과를 처음 기준으로 하면, 비교 대상 범위를 좁힐 수 있는데, 현재는 이 경향으로 동정이 진행되고 있다. 1923년에 처음 발표된 「Bergey's Manual of Determinative Bacteriology」는 세균 동정 및 분류의 기준이 되는 책으로 오랫동안 사용되어 오고 있다. 이어서 1986년에 「Bergey's

Manual of Systematic Bacteriology」가 발간되면서 좀더 많은 종과 상세한 분류·동정 정보가 수록되었으며, 2001년에 2판이 출간되어 더 많은 정보를 담고 있다. 16S rRNA 염기서열 분석 결과가 최근 동정의 주 방법이지만, Bergey's Manual은 여전히 미생물 동정의 완성도를 높이는 기준이 되고 있다.

4) 새로운 분류군의 제안

현재까지 등록되지 않은 새로운 세균 분류군을 발견하여 제안하고자 할 때는 먼저 16S rRNA 염기서열 분석 결과를 기준으로 한 계통분류학적 방법을 적용한다. 그리고 형태적 특징, 생리적 특징, 생화학적 특징 등 다양한 특징을 분석하여 그 결과를 첨부해야 한다. 기존의 분류군과의 비교를 위해서 「Bergey's Manual of Systematic Bacteriology」를 기준으로 관련된 분류군의 비교 균주와 동시에 실험을 진행하여 그 비교 결과를 명시해야 한다. 그리고 새로운 분류군에는 가능하면 복수의 균주가 포함되도록 해야 한다. 새로운 분류군을 제안할 때는 표준 균주(새로운 종의 경우)와 표준종(새로운 속의 경우)을 지정해야 하며, 표준 균주는 다른 나라의 2개 이상의 자원보존기관에 기탁하고 확인증을 발급받아 첨부하여야 한다. 새로운 종에 대한 학명을 명명한 다음 IJSEM에 발표하면 게재된 날짜가 그 균주의 학명이 정식으로 등록된 날짜가 된다.

2 세포 구조

동·식물 뿐 아니라 미생물 역시 세포라는 기본 단위로 구성되어 있다. 미생물의 세포는 진핵 세포(eukaryotic cell)와 원(시)핵 세포(prokaryotic cell)로 크게 구별할 수 있다. 진핵 세포는 막(membrane)으로 둘러싸인 핵과 발달된 소기관들을 갖는, 진화 정도가 높은 고등 동식물처럼 비교적 복잡한 형태의 세포 구조를 갖는다. 원핵 세포는 진핵 세포보다 작고, 핵이 막으로 둘러싸여 있지 않으며 비교적 단순한 세포 내 구조를 갖는다.

• 구형세포-구균(spherical cell-cocci)	

• 쌍구균(Diplococci)
 – 한 방향으로 분열하는 세포, 분열 후에 쌍을
  이루는 존재, *Diplococcus* 속
 	
	• 사연구균(Tetracocci)
	 – 두 방향으로 분열하여 4개의 세포군을 형성.
	  Micrococcus 속

• 연쇄상구균(Streptococci)
 – 한 방향으로 분열하나 분열 후 계속 붙어 있음.
  형성된 긴 사슬이 분리될 때 주로 짝을 이루는
  경향, *Streprococcus* 속, *Leuconostoc* 속,
  Lactoccocus 속

	• 포도상구균(Straphylococci)
	 – 세 방향에서 불규칙한 형태로 분열하여
	  bunch(송이 모양) 형성, *Staphylococcus* 속

• 막대형 세포-간균(Rod Shaped cells-bacilli)	
• 단간균(Short rods) – *Pseudomonas* 속, *Shewanella* 속, *Vibrio* 속 	• 간균, 장간균(Long to medium size rods) – *Escherichia coli*, *Salmonella* 속 

• 연쇄상 간균(Rods forming Chains)
 – *Bacillus* 속, *Lactobacillus* 속

• 나선균(Curved or helical cells-spirillar)

• 콤마형(Comma shaped) – *Vibrio* 속 	• Curved – *Campylobacter* 속 

그림 2-2 세균의 형태

1) 원핵 세포(Prokaryotes)

원핵 세포란 원핵생물인 진정세균(true bacteria) 영역과 고세균(archae) 영역의 생물체를 구성하는 세포이다.

세균의 외형은 구형 또는 막대형의 형태를 지닌다. 둥근 공과 같은 모양의 균을 구균(coccus, 복수는 cocci)이라 하며, 하나씩 떨어져 있거나, 사슬처럼 길게 연속으로 연결되어 있거나, 포도 모양으로 불규칙하게 붙어있는 모양의 배열로 존재한다. 이러한 배열의 형태는 미생물의 동정에 중요한 기준이 된다. 쌍구균(*diplococcus*)은 세포 분열 후 쌍으로 붙어 존재하는 형태이다. 연쇄상구균(*Streptococcus*)은 한 방향으로 분열 후 계속 붙어 긴 사슬을 이루는 형태이며 *Streptococcus*, *Enterococcus*, *Lactococcus* 속의 세균이 이

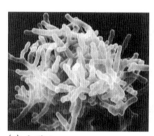
(a) *Actinomyces*

(b) *Mycoplasma pneumoniae*

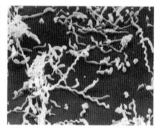
(c) *Spiroplasma*

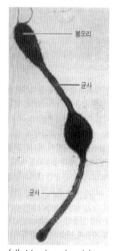
(d) *Hyphomicrobium*

(e) *Waisby's square bacterium*

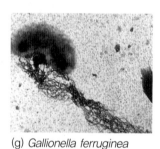
(g) *Gallionella ferruginea*

그림 2-3   세균의 다양한 형태

러한 형태를 취한다. 포도상구균(Staphylococcus)은 여러 방향으로 분열한 세포가 불규칙하게 포도송이 모양으로 배열한 형태이다. Micrococcus 속의 세균은 두 방향으로 분열하여 4개의 세포가 한 세포군을 형성하는 4연구균(tetracocci)의 형태를 취한다.

막대 모양의 세균을 간균(Bacillus, 복수는 bacilli)이라 한다. 간균 중 짧고 폭이 넓은 형태의 단간균(short rods)는 구균과 매우 흡사하다. 간균은 대체로 하나씩 떨어져 존재하는 것이 많지만 분열 후 서로 붙어 긴 사슬 모양을 이루는 것도 있다. 막대 모양의 세균 중에는 나선형의 균(Spirillum)도 있다. Vibrio 속은 문장 부호인 콤마와 같은 형태를 하는 것이 있으며, Campylobacter 속의 세균은 굽이치는 커브 모양도 있다.

이러한 형태의 막대형 세균을 세균의 형태가 다양한 것처럼 크기도 매우 다양하다. 독립생활을 하는 생물 중 가장 작은 세균인 Mycoplasma 속의 지름은 대략 0.3 ㎛ 정도이며, 대장균은 중간 크기의 간균으로 폭은 1.1~1.5 ㎛이고, 길이는 2.0~6.0 ㎛ 정도가 된다.

원핵 세포는 세포벽과 바로 아래 세포막을 가지며, 세포 내부는 막에 둘러싸여 있지 않은 핵을 포함해 리보솜과 봉입체(inclusion body)가 존재하는 콜로이드상(colloid)의 세포질로 이루어져 있다.

세포질이란 세포막(원형질막) 안에 있는 핵양체 외의 모든 부분을 일컫는 것으로, 액상의 시토졸(cytosol)과 리보솜(ribosome) 등의 불용성 입자 부분으로 구성된다. 시토졸은 대부분 수분으로 이루어져 있으며 여기에 용해된 이온과 작은 분자, 그리고 단백질과 같은 용해성 고분자가 포함된다. 진핵 세포의 핵물질이 핵막으로 둘러싸여 존재하는 것과 구별되며 세균 중의 일부는 세포벽 바깥쪽이 협막(capsule) 또는 점액층(slim layer)으로 둘러싸여 있는 경우도 있다. 원핵 세포는 진핵 세포와 달리 유사분열이 아닌 2분열법으로 증식한다.

(1) 세포벽(cell wall)

세포벽은 세포막을 둘러싸고 있는 단단한 피막으로 세균의 형태유지, 삼투압이나 압력에 의한 파열 및 용해를 방지하는 역할을 한다. 원핵 세포는 진핵 세포보다 단순한 세포 구조를 가지고 있으나 세포벽의 구성은 더 복잡하다. 세포벽은 구성 성분에 따라 Gram 양성균과 Gram 음성균으로 나눈다. 세포벽의 주요 성분은 펩티도글리칸(peptidoglycan)이다. 펩티도글리칸은 아미노 당류인 N-acetylglucosamine(NAG)과 N-acetylmuramic acid(NAM)가 β-1,4결합으로 연결된 중합체(polymer)이다. 이 긴 사슬은 L-alanine, D-glutamate, L-lysine, 그리고 D-alanine(또는 pentaglycine)의 짧은 peptide에 의해 서로 연결되어 여러 겹의 3차구조를 갖는 펩티도글라이칸 층을 만든다. 그람 양성균의 특징적인 세포벽 구성 성분은 테이코산(teichoic acid)로 펩티도글라이칸의 NAM과 결합하여 세포벽의 물리적 강도를 증가시킨다. 세포벽 테이코산의 성분, 구조 및 항원 특이성 등은 세균의 분류에 중요한 지표로 사용되기도 한다. 그람 양성균의 세포벽 두께는 약 20~80 nm이며 이러한 펩티도글라이칸 층이 15~70 nm로 견고하게 발달하여 Gram 염색 시 염기성 염색액(cystal violet)에 의해 보라색을 띤다. 반면 그람 음성균의 세포벽은 약 10% 정도만이 펩티도글라이칸으로 이루어져 있으며 peptide 연결이 드물고 테이코산이 존재

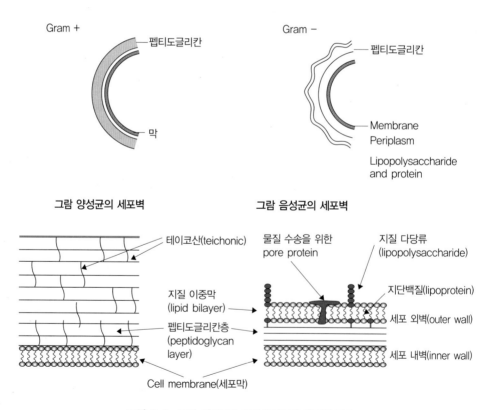

그림 2-4 그람 양성균과 그람 음성균의 세포벽 구조

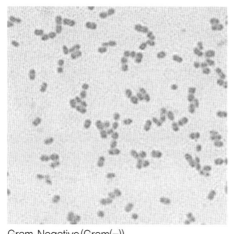

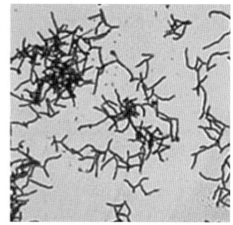

Gram Negative(Gram(-))   Gram Positive(Gram(+))

그림 2-5　그람 염색성에 따른 분류

하지 않는다. 따라서 Gram 염색 시 제 1염색액 crystal violet이 쉽게 탈색되고 대조 염색액 safranine-O에 염색되어 붉은빛을 띈다. 얇은 펩티도글리칸 층은 외막(outer membrane)으로 둘러싸여 있고, 이는 인지질로 이루어진 지질다당류(lipopoly-saccharide, LPS)와 지단백질(lipoprotein)등 복잡한 구성의 이중 이층 구조로 되어 있다. 외막의 LPS는 병원성 그람음성균의 경우, 숙주의 면역 작용을 피할 수 있는 역할을 한다. LPS의 O항원은 형태를 계속 바꿔가며 숙주의 방어 작용을 피해간다. 따라서 숙주에게 LPS는 내독소(endotoxin)로 작용할 수 있다.

　리소자임(Lysozyme)은 펩티도글리칸의 glycan 사슬을 끊어서 세균을 사멸시키는 효소이며, 외막이 있는 그람 음성균보다 그람 양성균에 대하여 살균효과가 더 크다. 페니실린은 펩티도글리칸 층이 구성될 때 가교 역할을 하는 펩타이드 연결을 억제함으로써 세포벽 합성을 막는다. 따라서 분열중인 세균을 막는데 효과적이다.

(2) 세포막(원형질막, cell membrane)

세포벽 안쪽으로는 세포막이 있으며, 그 사이의 공간은 주변세포질(periplasm) 공간이라고 한다. 세포막은 세포벽의 바로 내부에서 세포질을 둘러싸고 있는 얇은 막 물질로 선택적 투과성을 가지고 있다. 또한 세포막은 안으로 함입되어 단순한 내부 막구조를 형성하

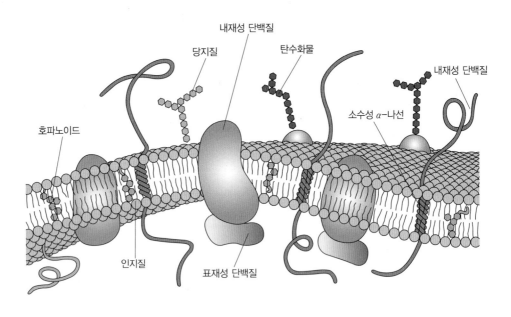

그림 2-6　세포막의 구조

기도 한다. 원핵세포에는 세포 내에 막으로 둘러싸인 소기관이 없으므로 세포 내부의 형태는 단순한 편이다. 세포막의 구성성분은 주로 인지질과 단백질로 이루어져 있다. 인지질은 이중막 구조(phospholipid bilayer structure)로 두께는 7~10 nm이며 유동성을 갖는다. 세포막의 단백질은 물질의 선택적 투과에 관여한다. 세포막의 주 성분이 지질층이므로 작은 지용성 물질이 쉽게 통과하는 반면 크기가 큰 수용성 물질의 통과는 어렵다. 따라서 세포막은 원하는 물질의 수송을 위해 [1]수동 수송에만 의존하지 않고 에너지를 소모하면서 [2]능동 수송을 한다. 세포막에는 permease라는 투과 효소가 함유되어 있어 물질의 능동 수송을 돕는다. 또한 일부 세균의 세포막에서는 산소 호흡에 관여하는 효소도 발견된다.

---

1) 수동 수송(passive transport): 세포막에서 물질이 이동할 때 농도차에 의해 이동하는 것으로 생체 에너지를 사용하지 않고 확산 또는 삼투에 의한다.

2) 능동 수송(active transport): 물질이 이동할 때 세포의 밖과 안의 농도 차이를 이기고 영양이나 물질을 선택적으로 흡수하거나 배출하는 작용을 말한다.

(3) 핵양체(nucleoid)

원핵세포의 경우 유전 물질(DNA)이 진핵세포와 같이 핵막에 싸여있지 않고 섬유 뭉치와 같은 형상을 하고 있기 때문에 핵양체라 불린다.

(4) 리보솜(ribosome)

리보솜은 세포 소기관으로 리보솜RNA(rRNA)와 단백질로 이루어진 단백질 합성 장소이다. 크기는 10~20 nm 정도이며 RNA와 단백질이 약 6:4로 구성된다. 진핵세포와 원핵세포 모두에 존재하지만 서로 다른 두 가지 RNA 단위체를 갖는다. 원핵세포의 리보솜(70S)은 50S의 큰소단위와 30S의 작은 소단위로 구성되며, 여기에 많은 종류의 리보솜단백질이 결합하고 있다. 진핵세포의 리보솜(80S)은 60S와 40S의 소단위로 구성되며 원핵세포의 리보솜보다 크고 밀도가 높다. 리보솜RNA(rRNA)가 전령RNA(mRNA)와 결합함으로써 mRNA의 암호를 받아들인 전이RNA(tRNA)가 아미노산을 연결하여 단백질을 합성한다.

(5) 봉입체(inclusion body, storage granules)

글리코겐(glycogen)이나 인산염(phosphate), PHB(polyhydroxybutyrate)와 같은 여러 물질을 축적하고 저장하는 곳으로 크기는 0.5~1 μm 정도이다.

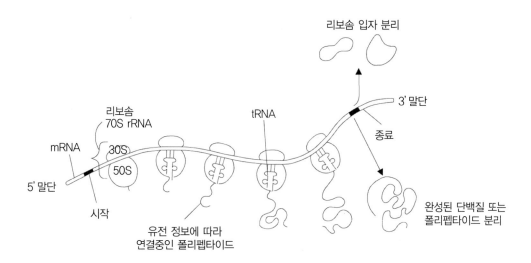

그림 2-7 리보솜에서 단백질 합성 과정

(6) 플라스미드(plasmid)

세포 내에 염색체와는 별개로 존재하면서 독자적으로 증식할 수 있는 DNA의 고리 모양인 유전자로, 형태는 원형이고 이중 나선으로 되어 있다. 박테리아의 유전자와는 독립적으로 분열할 수 있는 능력을 가지고 있어 자율적으로 자가 증식해 자손에 전해지는 유전요인이다. 세균의 생존에 필수적인 유전자는 아니며, 원핵 또는 진핵생물의 플라스미드는 유전공학에서 활발히 이용되고 있는데, 플라스미드를 세포에서 꺼낸 후 원하는 유전자를 재조합하여 세포안에 다시 주입하여 세포안에서 목적하는 유전 형질을 얻는 데에도 사용한다.

(7) 세포벽 외부의 구성 요소

① 편모(flagellum)

세균의 표면에 길게 뻗어 나온 운동 기관으로, 대부분의 세균이 편모를 사용하여 물결치듯 유영하여 이동한다. 편모는 세포질막과 세포벽으로부터 세포의 외부로 빠져 나온 가늘고 긴 구조 (지름 20 nm, 길이 15~20 ㎛)로서 특수 염색법을 이용해야 현미경으로 관찰할 수 있다.

편모의 유무나 부착 위치는 균의 종류에 따라 다르다. 편모가 부착되는 형태는 크게 두 가지로 나눌 수 있다. 세포 표면 전체에 편모가 존재하는 주모(peritichous flagella)와 세포의 긴 끝에만 존재하는 극모(polar flagella)이다. 편모의 부착 위치에 따라 세균을 분류해 보면, 하나의 편모를 끝에 가진 단성(monotrichous)균, 양쪽 끝에 편모를 갖는 양극성(amphtrichous)균, 한쪽 끝이나 양쪽 끝에 말총 모양의 여러 편모를 가진 속모성

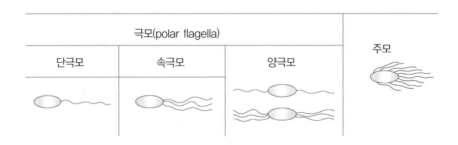

그림 2-8 편모의 위치에 따른 분류

(lophotrichous)균, 세포 표면 전체에 퍼져 있는 주모성(peritichous)균이 있다. 파상풍균 (*Clostridium tetani*), 장티푸스균 (*Typhoid bacillus*), 살모넬라균(*Salmonella paratyphi*) 와 많은 수의 대장균 등은 주모를 갖는다. 같은 속(genera)에 속하는 세균은 편모의 배열 이 일정하므로 균의 동정에 중요한 지표로 이용한다.

② 선모(pilus, fimbriae)

선모는 다수의 그람 음성균과 일부 그람 양성균의 세포 표면에 존재한다. 필린(pillin)이 라고 하는 단백질 분자가 모여 관상의 가는 섬유상을 이루는 구조물로서 운동 기관인 편 모와 달리 짧고 가늘며 수도 많다(지름 3~25 nm, 길이 0.5~20 μm, 수백~개). 균의 운동과 는 직접적인 관계가 없으며, 세포나 조직 표면에 부착하는 성질과 유전자의 전달에 관여 하는 기능을 갖는다. 최근은 유전자나 파지(phage)의 핵산 전달 기능을 하는 선모를 성 선모(sex pili), 세포 부착에 관여하는 선모를 핌브리에(fimbriae)라고 부르고 있다. 표면 에 부착하는 성질은 세포들이 서로 붙을 수 있도록 하여 피막(pellicle)을 형성할 수 있도 록 하기도 한다.

③ 협막(capsule)

세포벽 바깥을 둘러싸고 있는 두꺼운 다당류 또는 폴리펩타이드의 점액층으로, 표면에 부착하거나 외부로부터 세포를 방어하는 역할을 한다. 특히 탄저균이나 폐렴균 등 협막

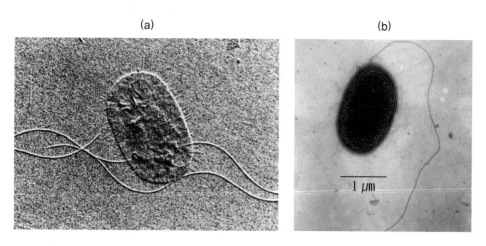

그림 2-9 (a) *Proteus vulgaris*의 편모와 fimbriae (X 39,000)
(b) *Sphingomonas taejonensis* KCTC 2884의 편모

을 갖는 병원균은 인체의 백혈구 식작용에 대해 저항력이 크기 때문에 독력이 강하다. 폐렴쌍구균의 경우, 생체 밖에서 배양했을 경우 핵막이 없는 형태로 변이를 스스로 일으켜 병원성도 약해진다. 연쇄상구균의 경우 협막의 다당(히알루론산)은 병원성에 관계되기도 한다. 같은 균종이라도 다른 형질을 가지므로 면역학적 균의 분류에 중요한 지표 중 하나이다.

(8) 내생 포자(endospore)

일부 세균은 배양 환경의 변화 또는 영양 물질의 고갈 등, 증식 조건이 악화되면 외부의 영향에 대해 저항력이 강한 포자(spore)를 형성한다. 그람 양성균 중 간균으로, 호기성균인 *Bacillus*와 혐기성균인 *Clostridium*, 그리고 구균인 *Sporosarcina* 속의 균은 세포 내에 포자를 형성하는데, 이를 내생 포자(endospore)라 한다. 자낭 포자, 포자낭 포자, 일부 분생자도 내생적으로 형성된 내생 포자이다. 형성된 내생 포자는 영양 세포(vegetative cell)와는 전혀 다른 독특한 생리적 특징을 가진다. 내생 포자는 고온, 건조, pH, 감마선, 화학약품 등의 유해한 환경에서도 견디는 강한 내성능력을 갖게 되며, 이 상태로 수백 년을 살아남기도 한다. 세포 안에서 형성되는 내생 포자는 휴면 상태로 견디다가 환경 조건이 다시 좋아지면 영양 세포로 돌아가 물질 대사를 시작할 수 있다. 포자형성과정(sporulation)은 보통 영양분의 결핍으로 영양 세포의 성장이 멈춤으로써 시작된다.

- 1단계: 핵양체를 이루는 물질이 세포의 긴축을 따라 필라멘트형을 이룬다.
- 2단계: 세포막이 안쪽으로 함입되면서 격막을 형성한다.
- 3단계: 세포막이 계속 생성되어 미성숙한 포자를 다시 한번 둘러싼다.
- 4단계: 두 층의 막 사이로 피질이 형성되고 Ca과 DPA가 축적된다.
- 5단계: 단백질 외피가 형성되어 피질을 둘러싼다.
- 6단계: 포자의 특성이 성숙된다.
- 7단계: 가수 분해 효소가 포자를 둘러싼 막을 파괴하고 포자를 방출한다.

내생 포자는 일반 세포를 염색하는 제재로 쉽게 염색되지 않는다. 포자를 염색하는 malachite green 등의 특수 염료를 사용하여 염색하고, 광학 현미경이나 전자 현미경으로 관찰할 수 있다. 내생 포자는 포자를 형성하는 균의 종류에 따라 영양 세포의 끝부분

(terminal spore), 세포의 중간 부분(central spore), 세포의 끝과 중간 부분의 사이(sub-terminal spore)에서 형성된다. 포자 형성에 있어서 세포의 모양이 변하지 않는 것을 Bacillus형, 세포의 중앙이 부풀게 된 것을 Clostridium형, 끝이 부풀게 된 것을 Plectridium형이라 한다. 이러한 포자낭(sporangium)의 위치는 균 종에 따라 다르므로 세균을 동정하는 지표 중 하나이다.

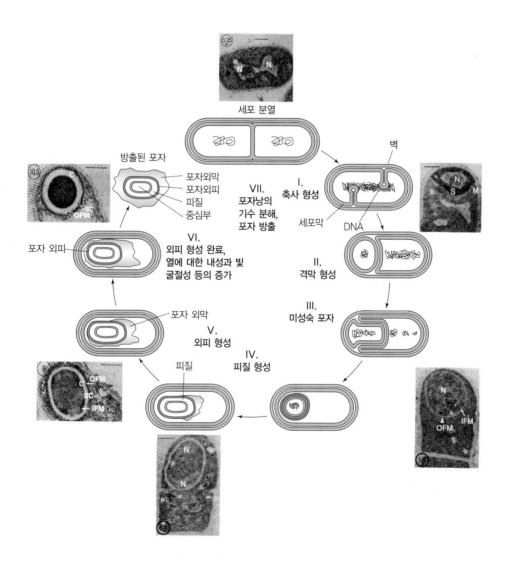

그림 2-10 내생 포자의 형성: *Bacillus megaterium*의 생활사

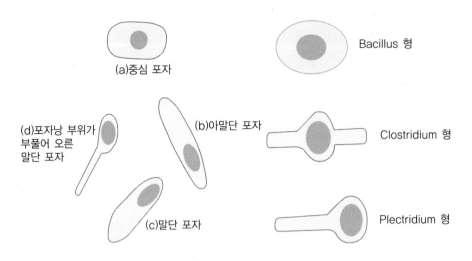

그림 2-11 내생 포자가 발생되는 위치

내생 포자의 구조는 포자 외막(exosporium, EX), 포자각(spore coat, SC), 피질(cortex, CX), 포자 고유막(core well, CW), 그리고 심부(core)로 구성된다. 포자외막은 얇고 섬세한 막 물질이며 포자의 가장 바깥을 둘러싸고 있다. 이 포자외막 안쪽으로 여러 가지 단백질의 두꺼운 층인 포자각이 있으며 세포벽과 마찬가지로 외부의 여러 물질을 차단할 수 있는 역할을 한다. 포자가 외부의 독성 물질에 내성을 나타내는 이유가 이 두꺼운 포자각의 차단력 때문이며, 포자각 안쪽에는 포자 부피의 절반 정도를 차지하는 피질이 있다. 피질은 느슨한 결합의 펩티도글라이칸으로 이루어져 있다. 포자막(spore cell wall 또는 core wall)은 포자의 심부를 둘러싸고 있는 가장 내막이다. 심부는 발아 후 다시 영양세포가 될 부분으로, 핵과 리보솜의 일반적 세포 구조를 갖고 있으나 물질대사는 일어나지 않는다.

포자의 강한 열저항성(heat resistance)은 질병 또는 식중독에서 주목할 만한 특징이다. 포자 형성균은 통조림 산업에서 부패(spoilage)와 관련하여 커다란 관심의 대상이 되고 있다. 포자 형성균과 관련된 질병은 *Clostridium tetani*에 의한 파상풍(tetanus), *Clostridium botulinum*에 의한 식중독인 보툴리늄증(botulism), 그리고 *Bacillus anthracis*에 의해 나타나는 탄저병(anthrax) 등이 있다. *Bacillus megaterium*의 경우 10시간 만에

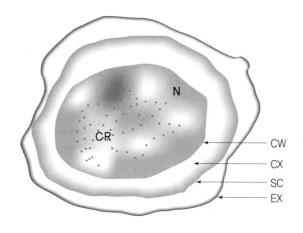

- EX : exosporangium(외막)
- SC : spore coat(포자각)
- CX : cortex(피질)
- CW : core wall(포자 고유막)
- N : 핵양체을 지니는 원형질체 또는 중심부
- CR : ribosome(리보솜)

그림 2-12 내생 포자의 구조

포자를 형성한다. 생성된 포자는 외부적 자극을 받아 발아하기 전까지 휴면 상태를 유지한다. 포자가 발아하기 위해서는 다양한 화학적·물리적 자극이 필요하며 이 중 가장 중요하게 생각되는 것은 열에 의한 자극이다. 발아가 유도되기 위해서는 꽤 높은 온도의 열 자극이 필요하다. 식품의 가공 중 살균하는 열이 포자를 파괴할 만큼의 충분한 가열이 아닐 경우, 휴면 상태인 포자의 발아가 유도되어 새로운 영양 세포로 만들어지기 때문에 결과적으로 많은 수의 영양 세포가 번식하여 섭취 시 식중독을 유발한다. 따라서 식품 가공에서는 포자까지도 완전히 멸균되도록 열을 가하는 온도와 시간을 조절해야 한다. 내생 포자를 제거하기 위해 실험실에서는 압력을 높여 121℃까지 온도를 올릴 수 있는 고압멸균기를 사용하여 멸균을 한다.

포자의 열 저항성은 포자화 과정 중에 축적되는 칼슘 등의 2가 양이온(devalent cation)과 관련하고 있다. 포자의 중심부에 주로 위치하는 디피콜린산(dipicolinic acid, DPA)은

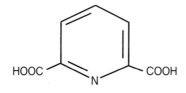

그림 2-13 DPA(dipicolinuc acid)의 구조

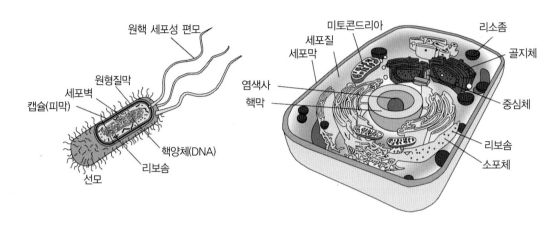

그림 2-14   원핵세포와 진핵세포의 구조

칼슘 이온과 결합하여 포자의 열저항성 및 여러 화학 물질과 물리적 요인에 대한 저항력을 부여하는 것으로 알려져 있다(그러나 최근에는 DPA가 결핍된 열저항성 돌연변이균의 내생포자도 발견되고 있다.). 원형질체의 탈수 현상도 열저항성을 보이는 데에 있어 중요한 요인으로 꼽는다. 피질(cortex)은 삼투 현상을 이용해 원형질체로부터 물을 제거하여 열, 화학물질, 방사선, 효소 활성 등에 의한 손상으로부터 포자를 보호하는 것으로 보인다.

2) 진핵 세포(Eukaryotes)

진핵생물 영역에서 볼 수 있는 진핵세포 구조는 원핵 세포의 구조와 확연히 다르다. 세균류와는 달리 세포질의 유전 물질(DNA)은 핵막이라는 이중막에 의해 둘러싸여 구분되어 있으며, 구조 또한 더 복잡하다. 핵막으로 둘러싸인 핵(nucleus)을 가지고 있기 때문에 '진핵' 생물이라 일컫는 것이며, 막으로 둘러싸이지 않은 덩어리의 유전 물질인 핵양체(nucleoid)와 구별된다. 진핵 세포에는 원핵 세포에는 없는 막구조를 갖는 세포 소기관이 존재하며, 동물의 기관과 유사한 형태로 세포내에서 유기적 네트워크를 이루며 조절된다.
　　대부분의 진핵 세포는 세균과는 달리 일반적으로 세포벽이 없다. 대신 세포막은 인지질과 콜레스테롤 등의 스테롤 성분이 함유되어 세포막을 견고하게 지지한다. 세포막의 기능은 세균과 비슷하여, 세포질과 외부 환경을 구분 짓고 물질의 출입을 조절한다. 그러나 원핵 세포와는 달리 호흡효소가 세포막에 있지 않고 미토콘드리아 내막에 존재하는 특징이 있다. 또한 핵의 분열 시 유전 물질의 분배에 아무런 영향을 미치지 않는다. 일부 진핵생물 중에는 셀룰로오스, 키틴(chitin), 글루칸(glucan) 등을 포함하는 단단한 세포벽을 갖는 것이 있으나 원핵생물의 펩티도글리칸보다 화학적으로 단순한 것이 보통이다.

진균류(곰팡이, 버섯, 효모), 조류(남조류 제외), 원생동물(protozoa)등이 진핵 세포 구조를 갖고 있다. 원핵 세포와 마찬가지로 진핵 세포도 원형질막, 세포질, 리보솜을 가지며 이 기본 구성에 더하여 원핵 세포 구조에는 없는 다음의 두 가지 요소가 포함되어 있다.

(1) 세포 골격(cytoskeleton)

진핵 세포의 세포질 내에는 세포에 일정한 형태를 만들어 유지하는 망상 구조의 세포 골격이 있어서 세포의 3차원 모양을 형성하고 물질 수송을 원활히 한다. 우리 몸이 뼈와 같이 세포에서의 뼈대와 같은 지지 역할을 하여 세포질 내의 물질 이동을 돕는다. 세포 골격을 이루는 성분은 미세섬유(microfilament), 중간섬유(intermediate filament), 미세소관(microtubule)이다.

미세섬유는 액틴이 중합된 액틴 미세섬유(actin microfilament)로서 직경이 약 4~8 nm 정도이며 길이가 다양하다. 미세섬유가 모이면 섬유다발을 만들거나 겔(gel)의 성질을 갖는 그물망을 형성한다. 액틴 단위체가 붙거나 떨어지는 작용으로 미세섬유의 길이가 길거나 짧아져, 세포를 움직이거나 형태를 변화시킨다.

중간섬유는 직경이 약 10 nm로 핵막과 세포막 사이에 주로 위치한다. 따라서 세포질 내의 지지대로 작용하여 세포 골격을 잘 유지해 준다.

미세소관은 직경 25 nm정도의 원통모양 구조로 세포 내 구조를 연결하고, 물질을 이동시키며 세포의 운동성을 제공한다. 편모나 섬모는 미세소관으로 구성된 세포 내 운동 기관이다.

(2) 세포 소기관(organelle)

진핵 세포의 세포 내에는 원형질의 분화로 생긴 여러 세포 소기관이 있다. 막성 소기관은 세포질의 다른 공간과는 구획을 형성하고 있기 때문에 고유의 미세환경을 유지하고 있다. 각 소기관은 고유의 효소 또는 단백질이 존재하며 각기 고유의 기능을 갖는다. 막성 소기관은 이중막으로 둘러싸인 핵, 미토콘드리아, 엽록체(식물세포의 경우)와 단일막으로 둘러싸인 소포체, 골지체, 리소좀, 액포, 분비과립, 분비소포 등이 있다.

① 미토콘드리아(mitochondria)

미토콘드리아는 이중막으로 둘러싸인 세포 소기관으로 세포 호흡과 에너지 생산을 담당하는 중요한 기관이다. 탄수화물, 단백질, 지방 등의 유기 물질에 저장된 에너지를 산화적 인산화과정을 통해 생명활동에 필요한 ATP(adenosine triphosphate)로 변환하기 때문에 '세포 내 발전소'로 불리운다. 폭이 약 0.3~1.0 ㎛, 길이가 5~10 ㎛인 원통형 구조이며 보통 세포 안에 수백~천 개 이상의 미토콘드리아가 있다.

다량의 에너지를 필요로 하는 세포일수록 더 많은 수를 갖고 있다. 일부의 효모와 단세포 조류 등에서는 하나의 거대한 미토콘드리온(mitochondrion, mitochondria의 단수)이 세포질 전체를 차지하고 있기도 하다.

미토콘드리아는 세포막과 같이 단백질을 포함하는 인지질의 이중층으로 이루어진 내

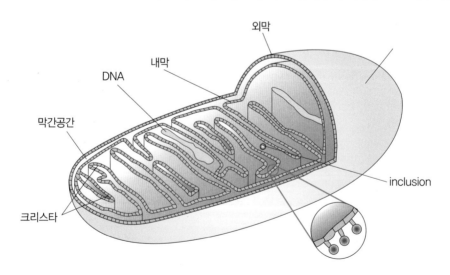

그림 2-15 미토콘드리아 구조

막과 외막을 가지고 있다. 외막과 내막 사이에는 약 6~8 nm의 공간이 있으며 각각 기능이 다르다. 외막은 미토콘드리아 전체를 둘러싸고 있으며 몇몇의 효소를 이동시키는 능동 수송 역할을 담당한다. 내막은 주름진 크리스타(crista)를 형성하기 때문에 표면적이 매우 넓다. 크리스타와 내막에는 전자 전달에 관여하는 여러 가지 효소가 존재하여, 호흡, TCA 회로 반응, ATP 생산, 산화적 인산화 반응을 한다.

미토콘드리아는 자체적인 유전 물질을 가지고 있다. 미토콘드리아 DNA에는 핵으로부터 유래하지 않는 내막 구성 펩티드 정보가 일부 저장되어 있다. 따라서 유전자 검사에 있어서 일반적인 DNA 검사가 어려울 경우, 미토콘드리아 DNA를 검사한다. 미토콘드리아 DNA는 죽은 세포나 미량의 시료에서도 추출이 가능하기 때문에 활용도가 높다. 또한 미토콘드리아 DNA는 모계를 통해 유전되기 때문에 DNA 염기서열을 분석하면 모계 조상을 알 수도 있다.

② 골지체(golgi apparatus)

촘촘히 맞대고 있는 납작한 막성 주머니 형태인 시스터네(cisternae) 구조를 갖는다. 골지체의 주요 기능은 분비작용이다. 소포체에서 합성된 분비 단백질을 저장하여 농축한 후

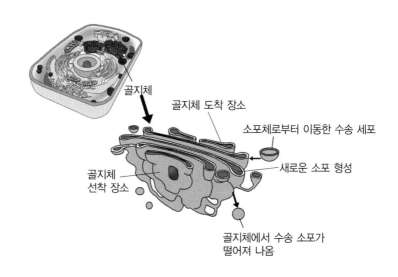

그림 2-16　골지체의 구조

늘어난 주머니 모양의 끝 부분에 분비 소포(주머니)를 만들어 세포막이나 리소좀으로 운반한다. 또한 단백질이나 지질을 저장하는 기능과 리소좀을 형성하는 역할을 한다.

③ 소포체(endoplasmic reticulum, ER)

납작한 주머니 모양의 막성소관이 망상 구조를 이루고 있다. 지름 40~70nm의 cisternae 가 지속적으로 새로운 부분으로 나뉘기도 하고 융합되기도 한다. 소포체는 세포내에서 여러 가지 중요한 기능을 담당한다. 세포 내 고루 분포하며 핵막, 리보솜, 미토콘드리아, 엽록체 등을 연결하여 세포 전체에 물질을 수송하는 역할을 한다. 소포체의 특징은 세포의 기능과 생리적 상태에 따라 조금씩 다른데, 소포체 표면에 다수의 리보솜이 부착된 조면소포체(rough endoplasmic reticulum, RER)와 리보솜이 부착되지 않은 활면소포체(smooth endoplasmic reticulum, SER)가 있다. 조면소포체의 리보솜에서는 단백질 및 효소 합성을, 활면소포체는 인지질, 콜레스테롤 등의 복합성지질 합성에 관여한다. 소포체 내부는 많은 효소가 있어서 여러 가지 대사를 한다.

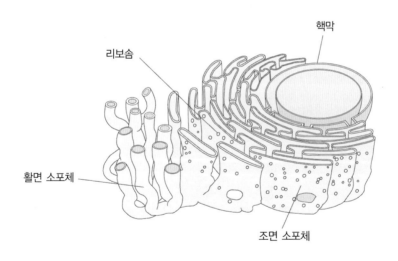

그림 2-17　소포체의 구조

④ 리소좀(lysosome)

리소좀은 여러 가지 가수 분해 효소가 막으로 싸여 있는 기관이다. 리소좀 내의 가수 분해 효소는 세균이나 외부로부터 들어온 이물질을 소화하기도 하고 같은 세포 속의 필요가 없어진 구조를 분해하기도 하는 식작용을 한다. 조면소포체로부터 리소좀의 여러 효소가 합성되며 골지체를 통과해 피복소포로서 출아하여 리소좀이 생성된다.

⑤ 리보솜(lybosome)

진핵 세포의 리보솜은 원핵세포의 리보솜 70S보다 크다. 60S와 40S의 단위체로 이루어진 이중체의 침강계수는 80S이다. 세포질 내의 리보솜과 조면소포체 표면의 리보솜에서 모두 단백질이 합성된다.

진핵 세포의 핵은 직경 약 5 ㎛로 원핵 세포보다 상당히 크다. 핵은 미세한 작은 구멍이 있는 이중막으로 싸여 있어, 단백질과 RNA가 이동할 수 있다. 운동성과 관계있는 섬모와 편모는 진핵생물에서 드물게 발견된다. 편모는 길이가 길고 세포당 1개에서 수 개 밖에 되지 않으며 파동에 의해 세포를 움직인다. 섬모의 길이는 짧고 수가 많으며 연속된 노젓기 운동을 하는 9개의 2중체 미세소관과 중앙에 2개의 단일 미세소관을 가지는 9+2구조이다. 진핵세포와 원핵세포의 주요 소기관의 기능을 비교하여 나타내었다.

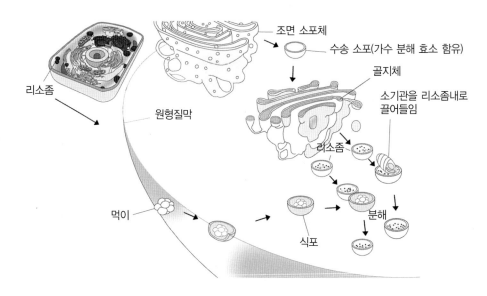

그림 2-18   리소좀의 기능

표 2-3 원핵세포와 진핵세포의 비교

	원핵세포	진핵세포
1. 생물종류	원핵생물(세균, 고세균, 방선균), 남조류	고등 동/식물, 원생동물, 조류(남조류 제외), 균류(버섯, 효모, 곰팡이)
2. 핵구조		
핵막	없음	있음
인	없음	있음
DNA	하나의 분자	많은 염색체로 존재, 히스톤 등 단백질과 복잡하게 결합
감수분열	없음	있음
유전자 재조합	부분적으로 발생, DNA의 일방적 전달	감수 분열 과정에서 많이 일어남
3. 세포질 크기		
세포크기	1~10㎛(전자 현미경으로 관찰되는 크기)	10~100㎛(광학 현미경으로 관찰되는 크기)
세포내 소기관	리보솜 외 없음	여러 소기관 발달(미토콘드리아, 골지체, 소포체 등)
리보솜	70S(50S+30S)	80S(60S+40S)
미세소관	없거나 드물게 존재	있음
세포골격	없는 것으로 보고되고 있음	있음
스테롤 성분	대부분 존재하지 않음	세포막에 존재
4. 세포질 외 구조		
세포벽	펩티도글라이칸층과 뮤코복합체 구조	다당류 층으로 비교적 단순(곰팡이, 식물, 조류)
편모	단일 단백섬유의 미세 구조	막으로 싸인 20여 개의 미세소관으로 형성
5. 호흡계	원형질막 부분 혹은 메소솜	미토콘드리아
6. 운동기관	미발달한 단일 단백질 섬유의 편모	편모, 섬모, 위족 등 발달
7. 세포형태	단세포	단세포, 다세포

3 미생물의 분류

1) 세균(Bacteria)

(1) 세균의 분류

세균의 분류는 세포 형태에 따른 분류, 그람염색성에 따른 분류, 호기성·혐기성 등과 같이 생리적 성질에 따른 분류, 분류학상의 분류, 최근에는 16S rRNA catalog 법이나 5S rRNA 서열의 비교 분류 등 많은 분류법이 있다. 여러 가지 분류 방법이 있으나 버지의 세균 분류학 편람「Bergey' s Manual of Systematic Bacteriology」이 세균 종의 분류를 결정하기 위해 사용되는 주요 편람의 하나로 사용되고 있다. 1923년 펜실베니아 대학의 미생물학 교수인 David Bergey가 미국세균학회의 후원으로 세균 분류에 대한「Bergey' s Manual of Determinative Bacteriology」의 초판을 출판한 이후로 1986년, 동정된 모든 원핵생물종의 동정법을 상세히 기술하고 있는「Bergey' s Manual of Systematic Bacteriology」이 발간되었다. 모두 4권 33장으로 구성되었고 플로차트(Flow chart)와 같은 흐름도에 따라 동정이 진행되도록 설명되어 있다. 각 장의 구성은 원핵생물종을 몇 가지 특징(일반적인 형태, 그람 염색성, 산소 연관성, 운동성, 내생포자의 유무, 에너지 생성 방법 등)에 따라 나누고 각 장은 다시 세분하여 분류되어 있다. 각 권에서 원핵생물은 첫째, 일반적·의학적·산업적 중요성을 가진 그람 음성균, 둘째, 방선균류를 제외한 그람 양성균, 셋째, 뚜렷한 특성을 가진 그람 음성균, 시아노박테리아, 고세균 그리고 넷째, 방성균류(그람 양성 사상균)로 나누었다.「Bergey' s Manual of Systematic Bacteriology」 1권 출판 후 원핵생물 분류가 크게 진보되어 계통발생학적 분석이 주를 이룬 2판이 2001년 발간되었다. 최근에는 16S RNA 분석과 같은 유전적 방법이 동정법의 주를 이루고 있으나, RNA의 검사 결과가 낮을 경우는 Bergey' s Manual에 의한 동정법을 통해 분류·동정하는 방법을 많이 사용한다.

■「Bergey' s Manual of Systematic Bacteriology」의 구성 (2판)
- 1권 : 고세균과 진화과정에서 멀리 떨어진 진정 세균, 광영양 진정 세균
- 2권 : 프로테오박테리아

표 2-4 Bergey's Manual of Determinative Bacteriology의 구성

분류순위	대표 속
1권. 고세균과 진화 과정에서 멀리 떨어진 진정 세균 및 광영양 세균	
고세균 영역	
*Crenarchaeote*문	*Thermoproteus, Pyrodictium, Sulfolobus*
*Euryarchaeotea*문	
강 I. *Methanobacteria*	*Methanbacterium*
강 II. *Methanococci*	*Methanococcus*
강 III. *Halobacteria*	*Halobacterium, Halococcus*
강 IV. *Thermoplasmata*	*Thermoplasma, Picrophilus*
강 V. *Thermococci*	*Thermococcus, Pyrococcus*
강 VI. *Archaeoglobi*	*Archaeoglobus*
강 VII. *Methanopyri*	*Methanopyrus*
진정 세균 영역	
*Aquificae*문	*Aquifex, Hydrogenbacter*
*Themologea*문	*Thermotoga, Geotoga*
"*Deinococcus-Thermus*"문	*Thermodesulfobacterium*
*Chloroffexi*문	*Chloroflexus, Herpetosiphon Deinococcus, Thermus Chrysiogenes*
*Nitrospira*문	*Nitrospira*
Thermomicrobia문	*Thermomicrobium*
*Deferribacteres*문	*Geovibrio*
*Cyanobacrteria*문	*Prochloron, Synechococcus, Pleurocapsa, Oscillatoria, Anabaena, Nostoc, Stigonema*
*Chlorobi*문	*Chlorobum, Pelodictyon*
2권. 프로테오박테리아	
프로테오박테리아문	
강 I. *α*-프로테오박테리아	*Rhodospirffum, Ricketteia, Caulobacter, Rhizobium, Brucella, Nitrobacter, Methylobacterium, Beijerinckia, Hyphomicrobium*
강 II. *β*-프로테오박테리아	*Neisseria, Burkholderia, Alcaligenes, Comamonas, Nitrosomonas, Methylophilus, Thiobacillus*
강 III. *γ*-프로테오박테리아	*Chromatium, Leucothrix, Legionella, Pseudomonas, Azotobacter, Vibrio, Escherichia, Klebsiella, Proteus, Salmonella, Shigella, Yersinia, Haemophilus*
강 IV. *δ*-프로테오박테리아	*Desulfovibrio, Bdellovibrio, Myxococcus, Polyangium*
강 V. *ε*-프로테오박테리아	*Campyiobactr, Helicobacer*
3권. G+C 함량이 낮은 그람 양성균	
Firmicutes문	
강 I. *Clostridia*	*Clostridium, Peptostreptococcus, Eubacterium, Desullolomaculum, Helicobactetium, Veillonella*
강 II. *Mollicutes*	*Mycoplasma, Ureaplasma, Acholeplasma*

강 Ⅲ. Bacilli	Bacillus, Caryophanon, Paenibacillus, Streptococcus, Enterococcus, Listeria, Leuconostoc, Staphylococcus
4권. G+C 함량이 높은 그람 양성균	
Actinobacteria문	
강 Actinobacteria	Actinomyces, Micrococcus, Arthrobacter, Corynebacterium, Mycobacterium, Nocardia, Actinoplanes, Propionibacterium, Streptomyces, Thermomonospora, Frankia, Actinomadura, Bifidobacterium
5권. Planctomycetes, Spirochaetes, Fibrobacteres, Bacteriodetes, Fusobacteria	
Planctomycetes문	Planctomyces, Gemmata
Chlamydiae문	Chlamydia
Spirochaetes문	Spirochaeta, Borrelia, Treponema, Leptospira
Fibrobacteres문	Bacteroides, Porphyromonas, Prevotella, Flavobacterium, Sphingobacterium,
Flexbacter, Cytophaga	Fusobacteria문
	Fusobacterium, Streptobacillus
Verrucomicrobia문	Verrucomicrobium
Dictyoglomi문	Dictyoglomus

- 3권 : G+C 함량이 낮은 그람 양성균
- 4권 : G+C 함량이 높은 그람 양성균
- 5권 : Planctomycetes, Spirochaetes, Fibrovacteres, Bacteroides, Fusobacteria

(2) 주요한 세균

세균은 분류학상 곰팡이나 효모(고등 미생물)와 달리 진균류가 아닌 분열균류(하등 미생물)에 속하며 원핵 세포로 구성되어 있다. 크기는 보통 1 ㎛ 내외로 작으며, 구균 (coccus), 간균(bacillus), 나선균(spirillum)의 형태가 있다. 이분법 분열로 증식 속도가 빠르며 공기, 물, 식물, 동물, 사람, 식품 등에 다양하게 존재한다. Bacillus, Clostridium 속은 포자(spore)를 형성하는 특징을 가지며, 이 포자는 내열성, 내화학성, 내건조성 등에 대한 저항력이 강하다. 주위 조건이 좋아지면 다시 발아해서 증식하기도 한다. 많은 세균종이 단백질이 풍부한 조건, 높은 수분활성도(Aw 0.9이상), 중성의 pH, 실온 혹은 5~60도에서 잘 증식한다. 산소 요구성에 따라 호기성균(생육에 산소가 꼭 필요한 균), 혐기성균(산소가 있으면 생육 불가능한 균), 통성혐기성균(산소가 없어도 자라지만, 산소가 존재하면 더 잘 자라는 균) 등으로 나눈다.

① 젖산균(lactic acid bacteria)

젖산균은 당질을 발효하여 젖산(lactic acid)를 생성하는 세균으로 락트산균, 유산균이라고도 한다. 그람 양성균으로 간균 또는 구균 형태이며, 통성혐기성 또는 혐기성이다. 젖

표 2-5 주요한 젖산균

균주명	균주의 특징 및 식품 이용	
Staphylococcus aureus	통성혐기성, 화농균, enterotoxin 생성균	
Streptococcus thermophilus	통성혐기성, 고온 유산균, 치즈·요구르트 제조	
Enterococcus 속	가열, 건조, 냉동에 저항력이 큰 장관균(장구균)	
Lactococcus lactis	통성혐기성, homo형 젖산 발효, 치즈·요구르트 제조	
Leuconostoc mesenteroides	통성혐기성, hetero형 젖산 발효, 협막생성균, 내염성(3%식염), 내당성(50~60% 당)	
Pediococcus halophilus	통성혐기성, 내염성균(20%식염), 맥주 혼탁 현상	
Lactobacillus bulgaricus	미호기성, 발효유 생산균	
Lactobacillus acidophilus		
Lactobacillus casei	미호기성, 치즈제조균	
Lactobacillus homohiochii	homo형 젖산 발효	그람양성, 간균, 미호기성, 청주의 백탁 현상,
Lactobacillus heterohiochii	hetero형 젖산 발효	화락 현상(산패)

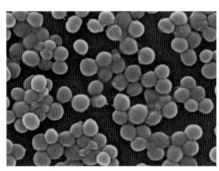

Staphylococcus aureus

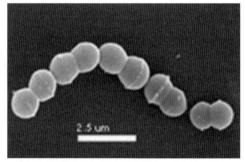

Streptococcus thermophilus
(출처: Robert Hutkins, University of Nebraska)

그림 2-19 포도상구균과 연쇄상구균

산 발효 형식에 따라 두 부류로 나누는데, 당을 혐기적으로 분해하여 주로 젖산만을 생성하는 호모(homo) 발효균과, 젖산 외에 부산물(알코올·이산화탄소 등)을 생성하는 헤테로(hetero) 발효균으로 분류된다. 발효 과정 중 생성되는 젖산에 의해 병원균과 유해세균의 생육이 억제되므로 유제품, 김치류, 양조 식품 등의 식품제조에 널리 이용된다. 포유류의 장내에 서식하는 잡균의 이상 발효를 저지하는 정장제로도 사용된다.

② 초산균(acetic acid bacteria)

알코올(ethanol)을 산화하여 초산(acetic acid)을 생성하는 세균을 초산균이라 한다. 그람음성의 호기성 간균으로 운동성이 있는 것과 없는 것이 있다. 초산균은 특성에 의해 두 부류로 나눌 수 있는데, 주모를 가지며 초산 생성력이 강하고 초산을 이산화탄소로 산화하는 능력이 있는 *Acetobacter* 속이라 하며, 극모를 갖고 초산 생성력이 약하며 초산을 이산화탄소로 산화하지 못하고 포도당을 산화하여 글루콘산(gluconic acid)를 생성하는 *Gluconobacter* 속이라 한다. 액체배양 시 공기가 풍부한 액면에서 잘 번식하여 균막을 형성하는 것이 많다. 주류의 발효 입장에서는 산패를 유발하는 유해균이다.

표 2-6 주요한 초산균

균주명	균주의 특징 및 식품 이용
Acetobacter aceti	호기적 조건에서 에탄올을 초산으로 발효함, 식초 제조에 이용
Gluconobacter 속	피막 형성균으로 sorbitol을 sorbose로 발효하는 감미료 생산에 이용

③ 포자형성균(spore-forming bacteria)

포자(아포)를 형성하는 세균을 총칭하는 것으로, 생육 환경 조건이 악화되면 영양 세포로부터 포자를 형성하여 휴면 상태의 포자가 되었다가 다시 환경 조건이 좋아지면 발아하여 영양 세포로 돌아간다. *Bacillus* 속, *Clostridium* 속, *Desulfotomaculum* 속, *Lactobacillus* 속, *Sporosarcina* 속, *Oscillospira* 속 등이 있으며 자연계에 포자 형태로 널리 분포하고 있다. 대표적인 호기성 포자형성균과 혐기성 포자형성균은 다음과 같다.

■ *Bacillus* 속

그람양성의 간균이며 호기성 균으로 내열성(120℃, 1시간 가열로 사멸)의 포자를 형성한다. 토양과 자연계에 널리 분포하고 있으며 항생제에 감수성이 있다.

- ■ *B. subtilis*는 '고초균'이라고도 하며, 아밀라아제(amylase), 프로테아제(protase), 리파아제(lipase) 등의 유용 효소를 분비하는 대표적인 발효균으로 인축에 대한 병원성은 아직까지 밝혀진 것이 없다.
- ■ *B. brevis*는 부패균이며, 산업적으로는 항생 물질 생산에 이용하기도 한다.
- ■ *B. coagulans*는 어육, 소시지의 부패균으로 작용하는 고온성균이다. 통조림의 변패균(flat sour)으로 알려져 있다.
- ■ *B. stearothermophilus*는 병조림이나 햄 등의 부패균으로 고온균이다.
- ■ *B. anthracis*는 사람이나 동물의 병원균으로 탄저병의 원인균이다.
- ■ *B. cereus*는 설사성 또는 구토성 독소를 생산하여 식중독을 유발하는 균이다.
- ■ *B. natto*는 일본 납두 제조에 이용하는 납두균으로 청국장의 제조에 이용된다.
- ■ 포자는 열에 매우 강하며, 내당성, 내염성이 강하여 10%의 식염에서도 생육한다.

■ *Clostridium* 속

그람 양성의 절대혐기성 균으로 내열성의 포자를 형성하는 간균이다. 호기성 포자형성균의 내열성과 비교하면 혐기성 포자형성균의 내열성이 더 강하여 100℃ 6시간 가열

그림 2-20 *Bacillus* 속

에 사멸한다. 불완전하게 멸균된 통조림에서 살아남은 포자가 발아하여 부패를 유발하며, 육류 및 가공품의 부패에 관여한다.

- *Clostridium botulinum*은 보툴리눔 식중독균으로 향신경성 독소를 생산하여 치사율이 높은 식중독을 유발한다.
- *Clostridium perfringens*는 웰치균으로 알려져 있으며 체내 감염하여 장관독소를 생산하여 식중독을 유발한다.

④ 부패균(putrefactive bacteria)

중성 또는 알칼리성의 환경에서 단백질을 부패시키는 세균류이다. 부패균은 저온, 건조, 산성, 고농도의 설탕이나 식염이 있는 환경에서는 증식이 어려우므로 이러한 조건을 이용하여 번식을 억제할 수 있다. 적극적인 번식 억제를 위해서는 살균이 유효하다.

■ Coli-form bacteria

*Escherichia coli*는 온혈 동물의 장관내에 상주하는 세균으로 그람 음성의 편모를 갖는 간균이다. 대변 속에 다량 존재하기 때문에 대표적인 식품 위생 지표균으로 지목된다. 유당을 분해하여 CO_2와 수소 가스를 생성한다.

■ *Psedomonas* 속

그람 음성의 호기성 간균으로 아포를 형성하지 않는다. 단모 또는 속모성의 편모를 가

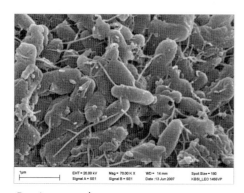

Psedomonas 속

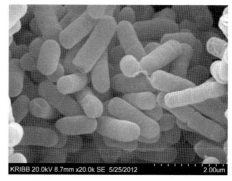

Escherichia coli KCTC 2441

그림 2-21 *Psedomonas* 단백질 부패 세균류

지는 수중 세균으로 저온균(15~25℃)이며 내염성(3~5%)을 갖고, 황록색 색소를 생산한다.

- *Pse. fluorescens*는 우유를 부패시켜 쓴맛이 나게 하는 고미유의 원인 세균으로 호기성이며 호냉균이다.
- *Pse. aeruginosa*는 상처 주변에 녹색색소를 형성하는 녹농균으로 알려져 있다. 우유를 부패시켜 청변을 유발하며, 단백질 및 지방 분해력이 강하다.

■ *Proteus* 속

부패물이나 토양에 주로 존재하며, 사람이나 동물의 장내에서도 발견된다. 그람음성의 간균으로 환경에 따라 필라멘트상이 되기도 하는 다형성을 보인다. 주모성 편모로 운동하며 글루코스를 분해하여 산과 가스를 생성한다. 강력한 단백질 부패균이다.

■ *Micrococcus* 속

그람 양성의 호기성 구균으로 포자를 형성하지 않는다. 노란색, 주황색 등의 카로티노이드 색소를 생성하며, 황색포도상구균(*Staphylococcus aureus*)을 제외한 나머지는 비병원성균이다. 3~5% 염분에서 생육하는 내염성을 갖는다. *M. halophiles*의 경우 23%의 식염에서도 생육하는 호염성을 갖는다.

■ *Serratia* 속

그람 음성의 간균으로 편모로 운동하며 적색색소를 생성한다. 포자나 협막을 형성하지 않는 장내세균과에 속하고, 균체가 매우 작기 때문에 세균여과기 검정에 지표로도 사용된다. 최근 내성균의 출현과 함께 요로감염증의 주요 병원균으로 주목되고 있다.

2) 진균류(Eumycetes)

진균류(Eumycetes)는 세균류를 제외한 균류로서, 접합균류, 자낭균류, 담자균류, 불완전균류로 분류한다. 진균류에는 균사와 포자를 형성하는 곰팡이, 균사체를 만들지 않는 효모, 대형 자실체를 형성하는 버섯 등이 포함된다. 곰팡이, 버섯, 효모 등의 이름은 분류학에 따른 엄밀한 명칭은 아니다. 이 장에서는 버섯을 담자균류에 포함하여 설명하며, 진균류를 편의상 곰팡이와 효모의 두 부류로 나누어 설명한다.

(1) 곰팡이(Mold, Fungi)

곰팡이는 포자(spore)를 형성하고 실 모양의 균사(hyphae)로 이루어져 있는 균류를 일상적으로 속칭하는 용어이다. 분류학 또는 형태학에서는 사상균(Filamentous Fungi: 균사를 만드는 균류)을 의미하는 용어로서 사용되고 있다. 진균류인 곰팡이는 균사의 격벽(septum) 유무에 따라 구별하고, 다시 번식 방법에 기준하여 분류한다. 균사의 격벽이 없는것을 조상균류(Phycomycetes)라 하며 격벽이 있는 것을 순정균류(Mycomycetes)라 한다. 순정균류는 다시 유성생식의 형태에 따라 자낭균류, 담자균류로 나누며 유성생식 하지 않는 것을 불완전 균류로 분류한다.

표 2-7 진균류의 분류

진균류	격벽 없음	조상균류	접합균류	접합포자(유성생식) 또는 포자낭포자(무성생식)로 번식
			난균류	난포자로 번식
	격벽 있음	순정균류	자낭균류	자낭포자로 번식
			담자균류	담자포자로 번식
			불완전균류	영양생식과 무성포자로 번식

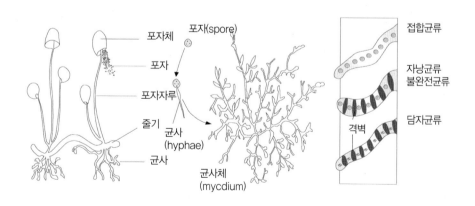

그림 2-22 곰팡이의 일반적 형태 및 균사 비교

곰팡이는 단단한 세포벽과 핵을 갖는 진핵생물이다. 식품의 곰팡이는 변패와 부패의 요인이기도 하지만, 치즈, 양조, 항생 물질 생산 등의 발효에 널리 이용하기도 한다. 포자와 균사로 번식하며, 형태가 비교적 커서 육안으로 확인 가능하다(2~10 μm). 기질 표면에서 자라는 영양 균사(또는 기중균사)와 기질 표면에 수직으로 뻗어 자라는 기균사가 있다. 포자는 열, pH, 삼투압 변화에 저항성이 크다.

① 접합균류

■ 접합균류의 분류

접합균류(zygomycetes)는 접합포자(zygospore)를 형성하여 유성 번식을 하거나, 기균사 포자낭(aerial spo-rangia)에 무성 번식에 의한 포자낭 포자(sporangiospore)를 형성하는 것이 있다.

접합포자([3]유성 포자)는 근접한 2개의 균사로부터 각각 분지가 형성되어 접합하여 포자를 형성하며, 포자낭 포자([4]무성 포자)는 세포핵이 분열을 반복하면서 균사의 끝이 부

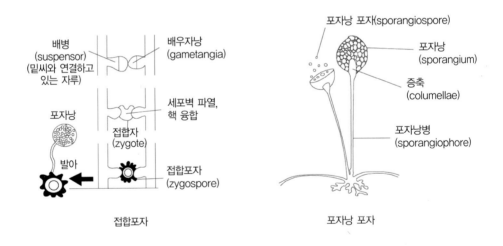

그림 2-23 접합균류의 생식 방법

---

3)유성 포자: 두 개의 세포핵이 융합해서 만들어지거나, 이것이 다시 분열하여 생긴 핵을 중심으로 생성된 포자를 의미한다.
4)무성 포자: 세포핵의 융합 없이 무성적으로 만들어지는 포자이다.

풀어서 된 포자낭에 많은 수의 포자가 형성된다.

조상균류에 속하는 접합균류의 균사에는 격벽이 없는 것이 특징이다. *Mucor* 속(털곰팡이), *Rhizopus* 속(거미줄곰팡이), *Absidia* 속(활털곰팡이), 그리고 *Thamnidium* 속(가지곰팡이) 등이 여기에 속한다.

■ 주요한 접합균류 곰팡이
■ *Mucor* 속(털곰팡이 속): *Mucor* 속의 집락은 솜털모양이다. 포자낭병의 형태에 따라 구별하며, 가근과 포복지가 없다. *M. pusillus*는 치즈 제조에 필요한 레닛(rennet)을 만든다. *M. javanicus*는 전분 당화력과 알코올 발효력이 있다. *M. mucedo*는 과일, 채소, 마분에 잘 발생하는 가장 흔한 털곰팡이로 응용적 가치는 없다.

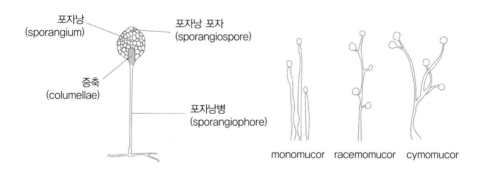

그림 2-24 *Mucor* 속의 형태

■ *Rhizopus* 속(거미줄곰팡이 속): 거미줄곰팡이는 가근과 포복지를 갖는 것이 특징이며 포자낭병은 가근으로 부터 나온다. *R. nigricans*는 빵곰팡이로 알려진 거미줄 곰팡이의 대표적인 균이다. 딸기 등의 과일류와 곡류 및 빵에 잘 발생하고 고구마 연부병의 원인균이다. 균총은 회흑색이고 접합 포자를 형성한다. *R. japonicus*는 일명 Amylo균이라 불리는, 전분당화력이 강한 곰팡이다.
■ *Absidia* 속(활털곰팡이): *Rhizopus* 속과 유사하지만 포자낭병이 포복지 중간에서 생

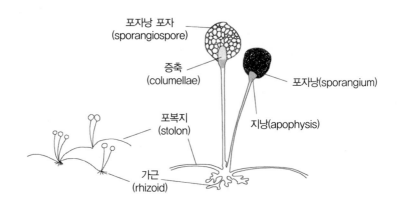

포자낭 포자
(sporangiospore)

증축
(columellae)

포자낭(sporangium)

포복지
(stolon)

지낭(apophysis)

가근
(rhizoid)

그림 2-25 *Rhizopus* 속의 형태

기고 포자낭이 작다. 전분 분해력이 강하고 곡류, 누룩, 건초, 흙에서 발견되는 곰팡이다. *A. corymbifera*는 누룩이나 고량주의 곡자에서 분리된다.

■ *Thamnidium* 속(가지곰팡이): *T. elegans*는 자연계에서 비교적 드문 곰팡이로, 냉장육에서 발생하는 저온균이다.

② 자낭균류

■ 자낭균류의 분류

자낭균류(ascomycetes)는 자낭(ascu) 속에 유성포자인 자낭 포자(ascospore)를 형성한다. 자낭포자는 특징이 있는 주머니 모양의 자낭들(asci) 안에 형성되기 때문에 내생포자라 하며, 하나의 자낭에는 보통 8개의 자낭 포자를 갖는다. 자낭은 일반적으로 자실체를 형성하지만, 일부는 균사 안에 자낭을 형성하기도 한다. *Saccharomyces cerevisiae*와 *Schizosaccharomyces* 속과 같은 단세포의 자낭균류(yeast)는 모세포(mother cell)의 안에 4개의 자낭포자를 형성한다. *Aspergillus* 속, *Penicillum* 속, *Monascus* 속, *Neurospora* 속은 분류학상 불완전균류에 속하지만 자낭균의 불완전 세대(무성세대)로 분류되고 있다.

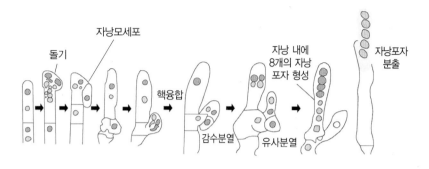

돌기

자낭모세포

핵융합

감수분열

유사분열

자낭 내에
8개의 자낭
포자 형성

자낭포자
분출

그림 2-26   자낭포자

■ 주요한 자낭균류 곰팡이

■ *Aspergillus* 속 (누룩곰팡이 속): 누룩곰팡이로 잘 알려진 곰팡이로 자연에 널리 분
포되어 있다. 아밀라아제, 프로테아제 등의 생산 능력이 강해 소화 효소 약품 제조
에 이용되며 쌀, 콩 등에 배양하여 막걸리, 간장, 된장 등의 발효에도 이용한다. *A.*
*oryzae*는 누룩곰팡이의 대표적인 균으로 황국균이라고 한다. 전분 당화력과 단백질
분해력이 강하기 때문에 청주, 된장, 간장 등의 제조에 사용되는 코지 곰팡이로 이
용되고 있다. *A. niger*는 흑국균으로 집락이 흑색이다. 빵이나 과일 등에 잘 번식하
며 전분 당화력이 강하고 당액을 발효하여 유기산을 생산한다. 유기산(구연산, 시트

그림 2-27   *Aspergillus oryzae* growing on rice
(출처: http://commons.wikimedia.org/)

르산 등) 발효공업에 많이 이용된다. 또한 팩티네이즈를 강하게 분비하므로 과일주스의 청징제로도 이용된다. *A. sojae*는 간장의 양조에 이용되고 집락의 색은 녹색 또는 황갈색이다. *A. kawachii*는 백국균으로 집락의 색이 백색이나 담황색이다. 탁주 제조에 이용한다. *A. flavus*는 발암성 곰팡이독소인 아플라톡신(aflatoxin)을 생산하는 균주로 토양과 곡물, 땅콩 등에 번식하므로 주의해야 하는 곰팡이다.

■ *Penicillium* 속: 자연계에 널리 분포하며, 치즈의 숙성이나 페니실린 생산에 이용하는 등 유용한 것과 황변미의 원인이 되는 등 유해한 곰팡이도 있다. *P. chrysogenum*과 *P. notatum*은 페니실린 생산에 이용하는 대표적인 푸른곰팡이다. *P. roqueforti*와 *P. comemberti*은 각각 로큐포트 치즈와 카망베르 치즈 숙성에 관여하는 곰팡이다. *P. citrinum*은 황변미의 원인균으로 독성의 황색색소를 생산한다.

그림 2-28 *Penicillium* 속

■ *Monascus* 속: 분홍색 색소를 생산하는 곰팡이다. *M. purpureus*는 홍주를 만들기 위한 홍국 곡자를 제조하는데 이용한다. *M. anka*는 홍국 제조 외에 펙틴 분해력이 강해 과일주스의 청징제로 이용한다.

■ *Neurospora* 속: 빨간 빵 곰팡이라고 부르는 뉴로스포라 속은 빵에 잘 번식한다. *N. sitophila*의 포자에는 베타카로틴 색소가 많이 함유되어 있다. 인도네시아에서는 땅콩에 이 곰팡이를 번식시켜 온촘(과자의 일종)을 생산한다.

③ 담자균류

담자균류(basidomycetes)는 크고 복잡한 자실체를 갖고 있다. 버섯류는 바로 이 담자
균류의 균사가 발달되어 눈으로 식별할 수 있는 크기의 자실체(子實體)를 형성한 무리를
총칭한다. 균사가 발달된 담자기(basidium)로부터 유성포자인 담자포자(basidospore)가
만들어진다. 담자 포자는 체외에 돌출되어 만들어지는 외생 포자에 속한다. 각 담자기
끝에는 각각 4개의 담자 포자가 생성된다.

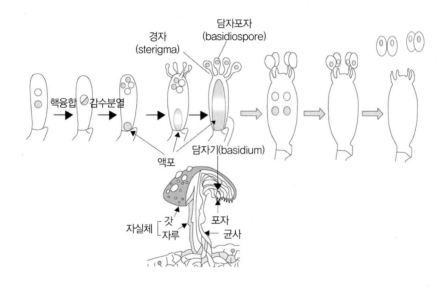

그림 2-29   담자포자 형성과정

④ 불완전 균류

■ 불완전 균류의 특징

유성 번식을 하지 않는 곰팡이 종들이 불완전 균류(imperfect fungi)에 속한다. 균사가
자라서 형성된 분생자병이 선단에 분생자층을 형성하며, 여기서 외생포자인 분생 포자
(conidia)를 만든다. 분생 포자는 균사의 끝에 생기는 무성포자이다. 분생자의 형태 및 착
생 방법은 곰팡이 종류에 따라 다르다. 예를 들어 *Aspergillus* 속은 분생자병이 분기한 끝
에 정낭(vesicle)이 생기며 여기에 경자(sterigmata)가 염주알처럼 달리게 된다. 반면

Penicillium 속은 분생자병 끝에 정낭을 만들지 않고 직접 분기하여 경자가 빗자루 모양으로 배열하며, 병족세포도 없는 것이 다르다.

불완전 균류에는 식품과 연관성이 높은 *Penicillium* 속, *Aspergillus* 속과 더불어 *Botrytis* 속, *Alternaria* 속, *Fusarium* 속, *Cladosprium* 속, *Monilia* 속, *Wallemia* 속이 속한다. 효모 중에는 *Rhodotorula* 속과 *Candida* 속이 불완전균류에 속하며 이들은 출아번식(budding)을 한다. 효모에 대한 것은 따로 분류하여 뒤에 설명하기로 한다.

불완전 균류 중 몇몇은 유성 세대(sexual stage)를 가져 자낭균류(ascomycetes)로 분류되기도 한다. 대표적으로 *Eurotium echinulatum*(유성 세대 때는 자낭균류), *Aspergillus echinulatus* (무성 세대 때는 불완전 균류), *Nurospora intermedia*(유성 세대 때는 자낭균류), 그리고 *Monilia sitophila*(무성 세대 때는 불완전 균류)가 있다. 각 곰팡이군(group)의 번식기관에 대한 기본구조는 다음과 같다.

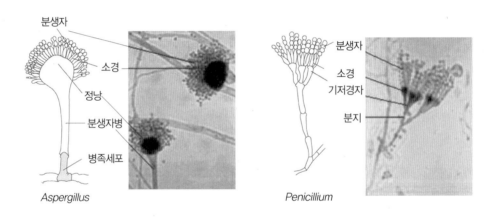

그림 2-30 *Aspergillus* 속과 *Penicillum* 속의 분생자 비교

■ 주요한 불완전 균류

■ *Botrytis* 속: 분생자병이 분지하여 끝에 포자를 방사상으로 형성한다. 포도, 딸기 등에 번식하는 유해균이다. 대표적인 균종은 *Botrytis cinerea*로 포도에 번식하면 수분이 증발하여 단맛이 증가한다. 포도주 양조에서는 오히려 좋은 현상으로 작용하여 고급 디저트와인[귀부(貴腐)와인]의 제조에 이용한다.

- *Alternaria* 속: 분생자는 난형 또는 곤봉형이며 집락의 색은 녹갈색이나 암갈색이다. 식물에 흑반병(黑斑病)을 일으키는 원인균으로, 토양 중에 많으며 식품의 변패와 관련 있는 유해균이다.

- *Fusarium* 속: 초승달 모양의 분생자를 착생하고 균총의 색은 분홍이나 적자색이다. 토양 중에 널리 분포하여 옥수수, 보리 등 곡류에 잘 발생한다. *F. moniliforme*는 벼 키다리병의 원인이 되는 [5]지베렐린의 생산균으로 이용된다.

- *Cephalosporium* 속: 토양에 널리 분포한다. *C. acremonium* 은 항생 물질인 세팔로스포린(베타락탐계)을 생산한다.

- *Trichoderma* 속: 버섯 재배용 나무에 발생하는 유해 곰팡이다. *T. vivide*는 cellulase 를 생산하는 균주이다.

- *Cladosporium* 속: 자연계에 널리 분포하며 균총은 암록색이다. 식물에서 병원균으로 작용하는 것이 많고, 사료에 포함되면 동물에 중독증을 일으킨다. *C. herbarum* 은 식물 병원체로 흙이나 나무, 종이제품, 식품에 주로 번식하는 유해 곰팡이다.

이외에도 난균류의 유성 포자인 난포자(oospore)는 서로 다른 두 균사가 접합하여 조란기(oogonium)와 조정기(antheridium)가 형성되고 조정기에서 웅성 배우자가 조란기

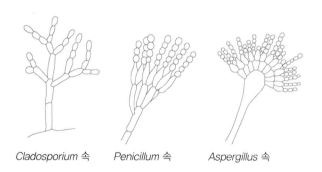

Cladosporium 속   *Penicillum* 속   *Aspergillus* 속

그림 2-31 분생자의 형태 비교

---

5) 지베렐린(Gibberellin): 식물 생장 조정제로 사용되는 물질로, 벼를 필요 이상으로 급성장시켜 키다리를 일으키는 곰팡이의 분비물로부터 분리되었다. 씨 없는 포도의 경우, 수정 시기에 화분 대신 지베렐린을 묻혀주어 씨가 생기지 않으면서 과실이 비대해 지는 원리를 이용한 것이다.

의 난구와 융합하여 형성된 접합포자이다. 난균류는 세포핵이 분열을 반복해 무성적으로 형성되는 무성포자로 번식하기도 한다. 이 밖에도 출아포자(blastospore), 분절 포자(arthrospore), 후막 포자(chlamydospore)등은 무성 번식을 할 수 있는 무성포자들이다.

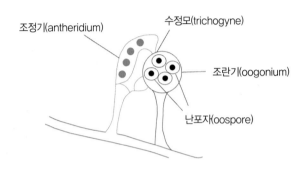

조정기(antheridium)　수정모(trichogyne)

조란기(oogonium)

난포자(oospore)

그림 2-32 난포자

곰팡이의 동정은 전통적으로 외형 비교에 의한 방법이 주로 사용된다. 주로 무성포자나 유성포자를 착생하는 번식 기관 형태, 그리고 포자들을 현미경으로 관찰하여 곰팡이를 동정하게 된다. 집락(colony)의 특징도 매우 중요한 표준이 되며, 체외 분비 효소를 기준으로 동정하기도 한다.

(2) 효모(Yeast)

■ 효모의 분류와 형태

진균류 중 영양 세포가 단세포이고 주로 출아(budding)에 의해 증식하는 것을 효모(yeast)라고 한다. 효모는 유포자의 자낭포자 효모, 담자포자 효모, 사출포자 효모와 불완전 균류에 속하는 무포자 효모로 분류한다. 일반적인 영양상태의 환경에서 *Saccharomyces cerevisiae*는 대표적인 출아효모로서 세포 표면의 여러 곳에서 다극 출아하여 번식한다. 반면 *Schizosaccharomyces* 속은 세균(bacteria)처럼 세포 중앙으로 격벽이 형성되어 두 개체로 나뉘는 분열(fussion)에 의하여 번식하는 특징을 가지므로 분열효모라고도 한다. 효모는 번식에 불리한 환경이 되면 포자를 형성하는데, *Saccharomyces*

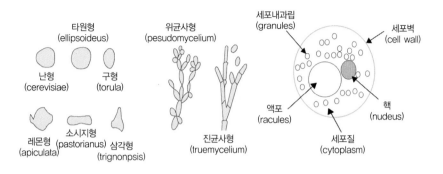

타원형
(ellipsoideus)

난형
(cerevisiae)

구형
(torula)

레몬형
(apiculata)

소시지형
(pastorianus)

삼각형
(trignonpsis)

위균사형
(pesudomycelium)

진균사형
(truemycelium)

세포내과립
(granules)

세포벽
(cell wall)

액포
(racules)

핵
(nudeus)

세포질
(cytoplasm)

그림 2-33 다양한 효모의 형태 및 구조

cerevisiae는 1개의 세포가 다른 세포의 접합 없이 무성적으로 자낭포자를 형성하며, Schizosaccharomyces 속은 동태접합(같은 모양과 크기의 세포가 서로 접합)하여 자낭포자를 형성한다. Debaryomyces, Nadsonia 속은 이태접합(모양과 크기가 서로 다른 세포가 접합)해 자낭포자를 형성한다.

효모의 크기는 약 5~10㎛이며 종류에 따라 난형, 타원형, 구형, 레몬형, 소시지형, 삼각형, 위균사형 등으로 식별한다. 포자를 형성할 수 있는 유포자 효모는 자낭포자 효모, 담자포자 효모, 사출포자 효모가 있으며, 무포자 효모로는 불완전 균류에 속하는 몇 종이 알려져 있다. 자연계에서 효모는 주로 당분이 많고 껍질이 얇은 포도 등 과일의 과피나 꿀샘, 수액 등에 존재한다. 약산성(pH 5~6)의 조건에서 잘 증식하며 수분활성도(Aw) 8.5 이상에서 주로 증식한다.

효모의 동정은 유성 번식 방법, 일부 효모에서는 균사 생성 능력, 그리고 자낭 포자 형성과 같은 형태적인 특징과 색소 생성, 당 발효, 단일 질소원을 소모하는 질소 이용 능력, 탄소원으로 알코올 이용 능력, 그리고 비타민 요구성과 같은 생화학적 특성 비교를 표준으로 삼고 있다. 일반적으로 실험과정에서 자낭 포자를 형성하기는 어려워 효모의 동정을 완전히 생화학적인 반응에만 의존하게 된다.

■ 주요한 유포자 효모류
■ Saccharomyces cerevisiae는 영국의 맥주에서 분리된 상면발효 효모이다. 포도주, 청주, 주정 및 빵의 제조에도 널리 사용한다. Saccharomyces 속은 유포자 효모이다.

- *Saccharomyces calsbergensis*는 덴마크의 칼스버그 맥주에서 최초 분리된 하면발효 효모이다.
- *Saccharomyces lactis*는 유당(lactose)을 발효하여 Kefir(발효유의 한 종류)를 생산하는 균주이다.
- *Saccharomyces rouxii*는 18% 이상 소금 농도에서도 생육하는 내염성 효모로, 간장의 주발효 효모로 사용한다. 간장의 제조에는 이 외에도 *Zygosaccharomyces soyae*가 고농도 소금 용액에 잘 견디는 하면 발효 효모로서 이용된다.
- *Pichia* 속은 산막 효모라 하여, 주류 및 간장 등의 발효액 표면에 피막을 형성하여 품질저하를 유발하는 유해 효모이다.
- *Hansenula* 속은 양조 중 표면의 얇은 막을 만들며, 청주 발효에서 향기를 부여하는 역할을 한다. 청주의 후숙 효모라고도 한다.

■ 주요한 무포자 효모류
- *Candida* 속은 구형, 계란형, 원통형의 형태를 가지며 균사를 잘 만드는 산막 효모이다. *C. utilis*는 균체를 배양해 사료 효모로 많이 이용하며, *C. tropicalis*는 석유의 탄화수소를 이용하여 생육하는 석유 효모이다.
- *Torulopsis* 속은 작은 구형이나 계란형의 형태를 가지며 위균사를 형성하지 않는 것이 Candida 속과는 다르다. 식품의 변패에 관여하는 것이 많으며 *T. versatilis*나 *T. etchellsi*는 호염성이 있어 간장의 후숙에 방향성을 주기 위해 이용한다.

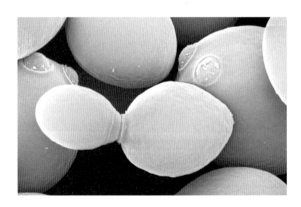

그림 2-34 출아중인 술발효 효모 *Saccharomyces*의 전자 현미경 사진

3) 바이러스(Virus)

바이러스는 그들의 구조와 기능에 의하여 다른 미생물들과는 매우 구별된다. 세균의 크기가 1 ㎛ 내외인 것에 비하면 바이러스의 크기는 매우 작고, 직경 18~400 nm의 범위 내에 다양하게 존재한다. 바이러스는 보통의 생명체가 세포로 이루어져 있는 것과는 달리, 유전물질인 핵산과 이를 둘러싼 단백질 껍데기로 이루어진 매우 단순한 구조이다. 형태는 대체로 구형이 많으나 정이십면체, 벽돌형, 탄알형, 섬유상 등도 있다. 구조를 살펴보면, 바이러스의 유전 물질인 핵산으로 구성된 중심부(core)와 이것을 둘러싸고 있는 단백외각(capsid)으로 구성되며, 일부 종류의 바이러스는 그 단백 외각 밖을 싸고 있는 지방질로 된 외피(envelope)를 갖는 것도 있다. 핵산은 DNA나 RNA의 어느 한 가지만을 가지고 있고, 이것을 기준으로 DNA바이러스, RNA바이러스로 나눈다. 박테리오파지(bacteriophage)의 경우 헤드(head)부분은 DNA 혹은 RNA와 이를 둘러싸고 있는 캡시드 단백질 외피로 구성되며, 테일(tail)부분은 숙주 세포에 부착하여 침투하는 부분으로 구성된다.

DNA는 가지고 있지만 이를 발현시킬 수 있는 시스템을 갖추지 못하기 때문에, 바이러스는 홀로 생명 활동을 수행하지 못한다. 적당한 숙주 세포에 침투하여 자신이 가진 DNA를 숙주 세포의 DNA속에 끼워 넣고, 숙주세포가 자신의 DNA와 함께 바이러스의 DNA를 복제하도록 숙주 세포의 시스템을 이용한다. 이때 숙주 세포는 바이러스의 DNA 뿐 아니라 바이러스의 몸체를 구성하는 단백질까지 복제하게 된다. 숙주 세포 내에 바이

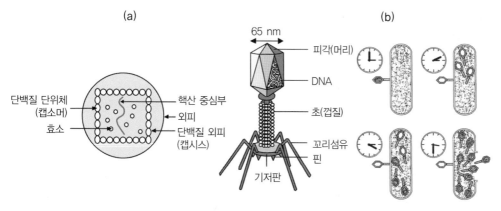

그림 2-35　(a) 바이러스의 일반 구조, (b) 박테리오파지(bacteriophage)의 형태와 생활사

러스의 DNA와 단백질이 충분하게 만들어지면, 숙주 세포를 용균시키고 터져 나온다.

　많은 수의 바이러스가 한꺼번에 숙주 안에 존재하게 되어 면역체계가 파괴될 때 각종 질병을 유발하게 되며 바이러스의 표면에 존재하는 단백질 포크로 인하여 특정 종류의 숙주 세포에만 침입이 가능하다는 특성을 지닌다. 바이러스의 표면에는 단백질로 구성된 일종의 포크를 가지고 있는데, 이 포크를 이용해 숙주 세포의 표면을 찌른 뒤 안으로 침투하는 것이다. 포크의 종류에 따라서 침투 가능한 숙주 세포가 정해져 있어 어떤 바이러스는 숙주 세포의 막으로부터 유도된 지단백질과 바이러스 단백질로 만들어진 복잡한 구조의 외피에 의해 전체가 둘러싸여 있다. 일부 바이러스는 숙주 세포에 바이러스가 부착할 수 있는 기능의 탄수화물-단백질 복합체로 만들어진 스파이크에 둘러싸인 경우도 있다.

4) 식품 관련 미생물

미생물의 종류는 수 없이 많지만 그 중 식품 미생물이라 함은 주류, 장류, 유제품 등의 식품 제조에서 사용되는 발효 미생물과 식중독이나 전염병을 일으키는 병원 미생물, 또는 식품의 부패를 일으키는 부패 미생물을 지칭한다.

　발효는 혐기적 조건하에서 이루어지는 알코올 발효와 유산균에 의한 유산 발효, 프로피온산균에 의한 프로피온산 발효(치즈의 숙성에 관여) 등이 있으며, 호기성 조건의 발효로서는 식초양조에 이용되는 초산균에 의한 알코올로부터의 초산 발효가 있다. 또한 곰팡이균에 의한 유기산 발효나 세균에 의한 아미노산 발효 등도 호기성 발효에 속한다. 세균과 효모 및 곰팡이 등 다양한 미생물이 발효에 이용되며 주류, 장류, 치즈, 발효유, 김치류, 감주(쌀의 효소에 의한 전분의 당화), 가쓰오부시(가쓰오부시 곰팡이) 등이 매우 다양한 식품에서 사용되고 있다.

　미생물에 의한 부패 또한 식품미생물에서 주요하게 다루고 있는데, 다양한 식품군과 환경에 존재하며 식중독 및 전염병의 원인이 되고 있다. 동물성 식품의 경우 도살 후 칼, 도마, 용기나 적합하지 못한 보관방법 및 환경 때문에 여러 종류의 세균이 번식하게 된다. 인축의 분변에서 다량 발견되는 대장균군과 *Salmonella* 속, 그리고 *Clostridium perfringens*, *Staphylococcus* 속, *Micrococcus* 속, *Brevibacterium* 속, *Bacillus* 속과 같이 자연계에 널리 존재하여 쉽게 오염될 수 있는 미생물들이 식품에서 주로 발견되며, *Lactobacillus* 속,

Corynebacterium 속, *Flavobacterium* 속, *Pseudomonas* 속, *Acinetobacter* 속, *Microbacterium* 속 그리고 *Aerococcus* 속과 같은 속들이 발견되기도 한다. 바다에서 생산되는 해수 어패류 제품에서는 호염균인 *Vibrio* 속의 세균이 주로 분리된다. 우유나 달걀과 같은 낙농 제품에서도 어육류에서 분리된 것과 유사한 세균이 분리되며, 채소에서는 *Lactobacillus* 속과 *Leuconostoc* 속이 주로 발견된다. 과일의 부패는 세균보다 곰팡이가 더 연관성이 높다. 일부 *Penicillium* 속, *Alternaria* 속과 *Aspergillus* 속이 부패미생물로 작용하고 *Lactobacillus* 속의 몇몇 종들이 과일주스의 부패에 원인이 된다.

　Aspergillus 속, *Penicillium* 속, *Fusarium* 속 등의 곰팡이들은 곡물이나 땅콩과 같이 수분함량이 낮은 제품에서 주로 발견되며 이들의 곰팡이독이 식품 위생적인 문제를 일으킨다. 효모 중 몇몇 속은 과일이나 설탕을 함유한 식품의 부패에 원인이 되기도 하지만, 알코올 발효와 단세포 단백질(SCP, single cell protein) 생산에 유용하게 이용하기도 한다.

표 2-8 식품과 관련된 미생물 속

· 식품의 악변(惡變) – 부패균	미생물 속
전분식품	*Bacillus, Serratia*
당과 당질식품	*Bacillus, Leuconostoc*
채소, 과일	*Erwinia*
육류	*Pseudomonas, Alcaligenes, Clostridium*
어류, 해산물	*Pseudomonas, Alcaligenes(Achromobacter)*
식중독의 원인이 되는 것	*Clostridium, Staphylococcus, Salmonella, Proteus, Vibro, Bacillus, Escherichia*

· 식품에의 이용 – 발효균	미생물 속
청국장	*Bacillus natto*(납두균)
요구르트 등의 발효유	*Streptococcus, Lactobacillus, Leuconostoc*
치즈	*Lactobacillus, Streptococcus*
식초	*Acetobacter*
침채류(沈菜類)	*Leuconostoc, Pediococcus, Lactobacillus*
젓갈류	*Staphylococcus, Bacillus, Micrococcus, Pseudomonas, Moraxella*
아미노산발효	*Brevibacterium, Corynebacterium*
핵산발효	*Brevibacterium, Bacillus*
젖산발효	*Lactobacillus*
효소생산	
Amylase	*Bacillus*
Protease	*Bacillus*

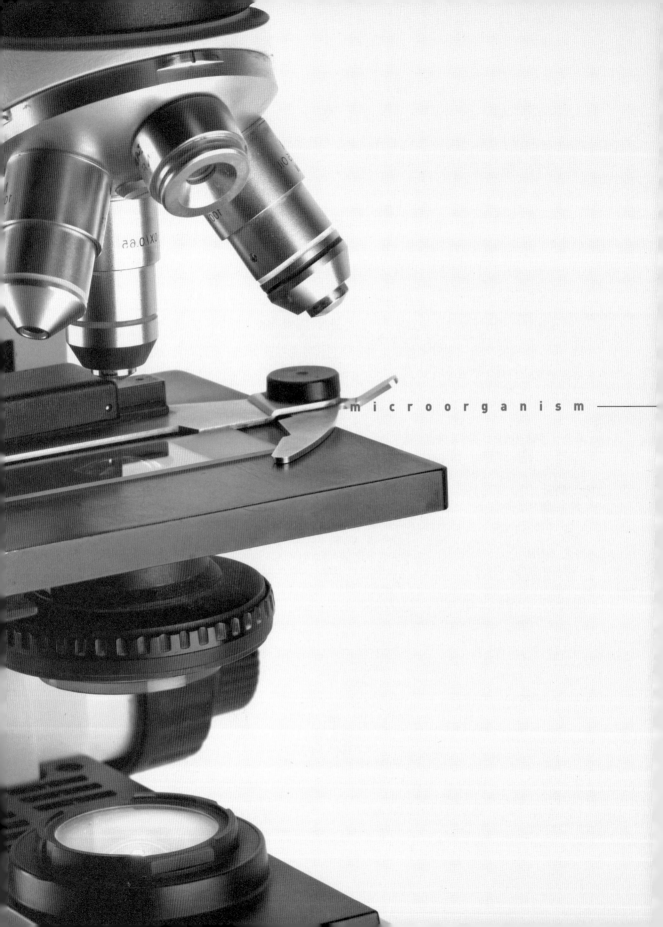

microorganism

식품과 미생물

CHAPTER 3

식품과 미생물

1 미생물의 영양원과 영양 요구성에 따른 분류

미생물은 세포체를 구성하고 생활을 유지하는 데는 에너지가 필요하며 외부 환경의 영양원으로부터 이를 얻는다. 일반적으로 미생물이 필요로 하는 영양 성분은 탄소원, 질소원, 무기염류, 생육인자(growth factor) 등이다. 미생물은 영양소를 획득하는 방법에 따라 크게 세 가지로 분류할 수 있다.

유기물을 분해하여 발생하는 에너지를 이용하는 종속영양균(Heterotroph)과 무기물을 산화하거나 광합성을 통해 스스로 에너지를 만드는 등의 독립영양균(Autotroph), 그리고 바이러스와 같이 숙주 세포의 대사계를 이용하면서 외부의 영양분도 이용하는 무력영양균(기생영양균, hypotrophy)이 있다. 식품 미생물은 종속영양균 종이 많다.

표 3-1 영양원과 이를 이용하는 미생물의 종류

영양원		이용하는 미생물
탄소원	유기탄소원	
	단당류, 이당류 (포도당, 과당, 맥아당, 설탕)	일반 세균, 효모, 곰팡이
	유당	젖산균, 장내 세균
	다당류(전분, 펙틴)	아밀레이즈, 펙티네이즈를 가지는 곰팡이, 방선균, 낙산균
	무기탄소원	
	CO_2, 탄산염	광합성세균, 황세균, 질산균, 메탄산화균
	유기산, 알코올류, 탄화수소류	유기산 염류, 알코올, 글리세린등의 탄화수소류를 이용하는 미생물, 초산균 등
질소원	유기질소원	
	단백질, 펩톤류	곰팡이, 효모, 세균
	아미노산류	곰팡이, 고초균(*Bacillus subtilis*)
	무기질소원	
	질산염류	곰팡이, 질산균
	암모니아염류	대장균, 효모, 곰팡이, 아질산균
	유리질소가스류	공중질소 고정균
무기염류	P, S, Ca, Mg, Na, K, Cu, Mn 등	미량 원소로서 미생물 생육에 필요함
생육인자	각종 비타민, 필수아미노산, 필수지방산, 핵산류 등	탄소, 질소, 무기염류 외에 특정한 생육인자가 필요한 미생물이 존재

2 미생물의 균체 성분

미생물의 균체는 약 80%의 수분과 각종 유기성분 및 무기물로 구성된다. 유기 성분으로 중요한 것이 단백질, 핵산, 지질, 탄수화물 등이다.

1) 수분

생균체에 약 70~85%가 수분으로 영양 세포의 경우 수분은 주로 자유수(free water) 형태로 존재하며, 포자의 경우는 결합수(bound water) 형태로 존재하기 때문에 포자는 가열, 건조의 저항력이 영양 세포보다 크다.

2) 유기 성분

균체의 유기성분은 단백질, 핵산, 탄수화물 지질 등이 있다. 성분 구성은 균류에 따라서 함량이 다르며, 동일 개체이더라도 생장 조건이나 환경에 따라 영향을 받는다. 단백질은 세포를 구성하는 기본 물질로 세포질의 대부분을 차지하고 있으며 균체의 총 질소량은 세균 8~15%, 효모 5~10%, 곰팡이 2~7% 정도를 함유하며, 세포 내 단백질의 대부분은 핵산과 결합한 핵단백체 형태로 존재한다.

표 3-2 미생물의 균체 성분 (건물 100g 중의 함량)

성분 미생물명	단백질	탄수화물	지 질	핵 산	회 분
세균	40~80	10~30	5~40	15~25	4.5~14
효모	38~70	24~37	2~60	5~10	3~9
곰팡이	13~48	30~60	1~50	1~3	2.5~6.5
버섯(양송이)	43.5	44.7	2.5	–	9.4
클로렐라	40~50	10~25	10~30	1~5	6~10

3) 무기 성분

균체(mycobiont)를 연소시키고 남은 성분이 무기물로 약 30~40종의 무기원소들(P, K, S, Mg, Ca, Fe, Mn, Cu, Zn, Na, Al, Si, Co 등)을 포함한다.

3 미생물의 증식 및 측정법

1) 미생물의 증식 곡선

미생물의 시간에 따른 증식을 그래프로 표시한 것으로 특징적인 증식상을 구분하여 유도기, 대수증식기, 정지기, 사멸기 등으로 나눈다.

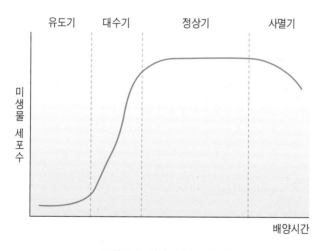

그림 3-1 **미생물의 증식 곡선**

(1) 유도기(잠복기, lag phase)

미생물이 새로운 환경(배지)에 적응하는 시기로 이 시기에는 균체수의 증가가 거의 없다. 병원균의 경우 이 시기를 잠복기라고 한다. 세포의 성장에 필요한 효소나 세포 구성 성분의 재합성이 이루어지며, DNA량의 변화는 없으나 효소 및 RNA 합성과 세포의 크기가 증가한다. 유도기의 길이는 세포의 상태 또는 접종된 미생물의 양과 상태에 따라 다르게 나타난다. 유도기를 단축하기 위해서는 초기 접종량을 증가하거나 대사가 왕성한 균(대수증식기)을 접종하면 된다.

(2) 대수기(증식기, log phase)

세포 수가 2의 지수적으로 증가하는 시기로 RNA량은 일정하나 DNA량은 증가한다. 세포의 생리적 활성이 가장 높고 세포질 합성 속도와 세포수 증가가 비례한다. 균수가 두 배가 되는 배가시간(doubling time)이 일정하고 세포 크기도 일정한 시기이다(대부분의 일반 세균은 2분열법으로 증식하므로 배가시간과 세대시간(generation time)을 동일하게 보기도 한다.). 일반적으로 이 시기에서 세대 기간이 가장 짧고 일정하기 때문에 세대 시간 측정은 이 시기에 실행한다. 대수기의 미생물은 생리적 활성이 가장 강하고 예민한 시기여서 온도, pH, 산소농도, 영양분 등에 의해 영향을 많이 받는다.

(3) 정상기(정지기, stationary phase)

대수적으로 증가되던 세포가 영양 물질의 고갈, 대사산물의 축적, pH의 변화, 산소부족 등의 영향으로 신생되는 세포수와 사멸되는 세포수가 같아져 일정한 수를 유지하게 되는 시기이다. 포자 형성균의 경우 이 시기에 포자를 형성한다. 세포수는 이 시기에 최대이며, 이 시기가 지나면 점차 줄어든다.

(4) 사멸기(감수기, death phase)

효소에 의한 미생물의 자기 소화(autolysis)가 발생하여 사멸 균수가 증가하여 전체적인 균체수가 감소하는 시기이다. 미생물의 종류에 따라 사멸 속도 및 기간은 다르다.

2) 세대 시간

2분열법으로 증식하는 대부분의 일반 세균의 경우, 미생물 집단의 크기가 2배로 증식하는데 걸리는 시간을 세대 시간(g)이라 한다. 세대시간은 균주에 따라 다르며 또한 배지 성분, 온도 등의 생육 환경에 따라 달라진다. 하나의 세포가 분열하여 두 개의 세포로 증식하므로 대수적 관계가 성립된다.

제1세대 후 균수 = 1 x 2 = 2
제2세대 후 균수 = 1 x 2 x 2 = 4
제3세대 후 균수 = 1 x 2 x 2 x 2 = 8
$$\vdots$$
제n세대 후 균수 = 1 x 2^n = 8 (즉, n=세대수)

이렇게 n세대까지 오는데 소요된 시간을 t라고 하면 세대시간(g)= $\frac{t}{n}$ 이다.

- 예제 1) 세대 시간이 20분인 미생물 100 CFU/mL를 1시간 동안 배양 후 균수는?

  풀이: 20분 = $\frac{60분}{n}$

  n= 3회

  1시간 후 균수 = 100 x 2^3 = 800 CFU/mL

- 예제 2) 세대 시간이 30분인 미생물을 3시간 배양했더니 1,000,000 CFU/mL가 되었다.

  처음의 균수는?

  풀이: 30분 = $\frac{180분}{n}$

  n= 6회

  10^6 = 처음 균수 x 2^6

  처음 균수 = $\frac{10^6}{2^6}$ = $\frac{1,000,000}{64}$ = 15,625 CFU/mL

- 예제 3) 어떤 세균이 15시간 12분에 38회를 분열한다면, 이 세균의 세대 시간은?

  풀이: g = 912분/38회 = 24분/회

  세대 시간은 24분

3) 증식도의 측정법

세균이나 효모의 경우 균체수의 증가가 증식의 기준이 되지만, 곰팡이와 일부 효모의 경우는 균사가 자라서 번식하는 특징을 가지므로 균체수를 증식의 척도로 삼을 수 없을 뿐 아니라 세포수의 측정도 곤란한 경우가 많다. 따라서 이런 경우 세포의 건조균체량이나 특정 성분(질소, 단백질 등)을 측정하여 증식도를 알 수 있다.

(1) 건조균체량(dry weight)

액체배양액 중의 미생물을 일정량 덜어서 여과 또는 원심 분리로 균체만 분리한다. 균체를 물로 세척 후 원심 분리하는 과정을 2~3회 반복하여 배지성분이나 기타 성분이 제거된 균체만을 건조한다. 105℃ dry oven에서 항량이 될 때까지 건조한 후 건조 중량을 측정하여 균체량을 정량한다.

(2) 균체질소량(Nitrogen content of dried mass)

미생물이 증식하면 균체 성분이 증가하므로, 생체 성분 중 단백질량을 식품 분석법과 동일한 방법으로 분석하여 질소 함량을 정량하여 증식도를 측정하는 방법이다. 균의 종류나 배양 환경에 따라 질소량의 차이가 많으므로, 균체질소량은 동일 조건에서 배양한 동일 균종의 증식도를 비교할 때 사용한다.

(3) 원심 침전법(Packed volume)

액체배양액 중의 미생물을 모세원심분리관에 일정량 넣고 원심 분리하여 균체만 분리한다. 균체를 물로 세척 후 원심 분리하는 과정을 2~3회 반복하여 균체만을 분리한 후 최종 원심분리에서 침전된 균체량의 눈금을 읽어 측정하는 방법이다. 효모나 세균의 증식도 측정에 간편히 사용하지만 보다 정확한 측정을 위해 광학적 측정법과 혼용하기도 한다.

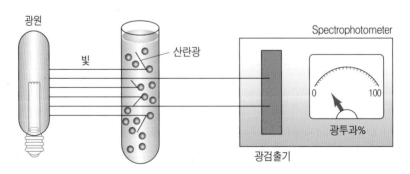

그림 3-2 광전비색계(Spectrophotometer)의 원리

(4) 광학적 측정법(Optical measurement)

광학적 측정법은 투명한 매질속에 굴절율의 변화가 있을 때 그 변화를 밝기의 차이로 바꾸어 관찰하는 측정법이다. 비탁법(Turbidometry)은 균체현탁액에 광선을 쏘여 혼탁한 정도(탁도)를 전기적으로 측정하는 방법이다. 표준용액과 비교하여 시료액의 농도를 결정한다. 미생물의 경우에서는 비색계가 더 자주 사용된다. 비색법(Colorimetry)이란 균체현탁액의 빛의 흡수량을 측정하는 방법으로 600nm 부근의 적색광 흡수량을 측정하는 방법이다. 이때 흡수된 광량을 Optical density (O.D.) 또는 Absorbance(A)로 표시하여 나타낸다.

(5) 총균계수법(Total cell number)

총균수란 배양액중에 존재하는 미생물의 세포수 전부를 뜻한다. 따라서 사멸한 균도 포함되기 때문에 가열 식품의 경우 생균수보다 많게 나타난다. 현미경을 이용하여 직접 세포의 수를 세는 현미경 계수법은, 혈구계수기(haematometer)에 희석한 균액을 떨어뜨린 후 현미경으로 구획 내에 분포하는 균체수를 직접 균직접계수하여 희석배수와 눈금칸의 수를 곱해 구할 수 있다. 광학적 방법으로 흡광도를 구하는 방법도 있는데, 흡광도 측정법이란 흡광도(O.D$_{600}$) 1.0은 8 X 10^8 CFU/ml의 미생물 수를 의미하므로 균체현탁액의 흡광도를 spectrophotometer로 측정 후 비례식으로 계산하여 균체량을 정량할 수 있다.

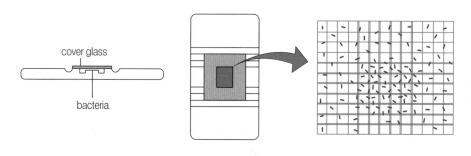

그림 3-3 혈구계수기

(6) 생균계수법(Viable cell number)

미생물 배양액 중의 살아있는 세포만을 측정하는 방법으로 다음과 같은 방법이 있다.

- **평판도말법**: 적당히 희석한 균액을 한천배지에 일정량 도말 후 생긴 콜로니 수를 희석배수를 곱해 계수하는 방법(7장 미생물 분석 방법 참고)
- **주입평판법**: 적당히 희석한 균액을 45도 이하로 식힌 한천배지와 섞어 페트리디쉬에 부어 굳힌 후 배양하여 형성된 콜로니 수를 희석배수와 곱해 계수하는 방법
- **최확수법**(MPN, Most Probable Number): 유당을 포함한 액체 배지가 들은 듀람발효관(Durham fermentation tube)에서 미생물을 배양하여 gas(CO_2)를 발생한 관의 수를 세어, 최확수표(표 6-1 참고)를 참고하여 시료에 들은 대장균 수를 측정하는 방법
- **박막여과법**: 시료를 얇은 막(membrane)을 통과 시킨 후 막을 평판배지 위에 올려 배양한 후 형성된 콜로니 수를 세는 방법, 많은 양의 물이나 액체 시료안에 들은 세균수를 측정하기에 적합

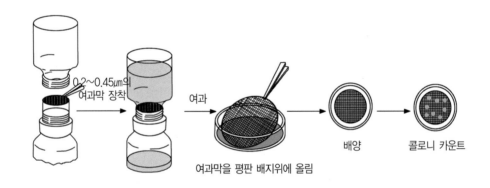

0.2~0.45μm의 여과막 장착 → 여과 → 여과막을 평판 배지위에 올림 → 배양 → 콜로니 카운트

그림 3-4 박막여과법

(7) 생화학적 측정법(Biochemical measurement)

미생물 배양 중 대사에 의해 생성되는 산물(효소활성, 유기산 생성, 산소흡수속도, 가스발생속도 등)을 측정하여 증식도를 간접적으로 측정하는 방법이다.

4 미생물의 증식 환경

식품내 미생물의 증식은 식품 자체의 성분과 관계된 내인성 인자(Intrinsic factor)와 식품이 저장되는 환경과 관계된 외인성 인자(Extrinsic factor)에 의해 조절된다. 식품과 연관된 내인성 인자로는 수분활성도, pH, 산화환원능, 사용 가능한 영양분, 식품의 물리적 구조, 항균물질 등이 있다. 환경인자인 외인성 인자로는 온도, 습도, CO_2 또는 O_2의 존재 유무, 식품에 존재하는 미생물의 종류와 수 등이 있다.

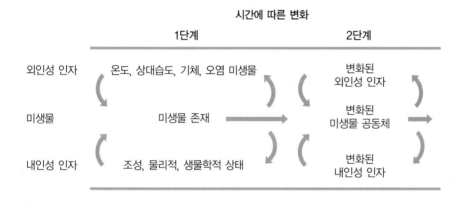

그림 3-5 내인성 또는 외인성 인자들

미생물은 환경에 따라 증식 상태가 다르다. 배양 온도, pH, 산소, CO_2, 삼투압, 빛 등 다양한 환경 인자에 의해 세포생장 및 효소 분비에 크게 영향을 받는다. 이러한 여러 인자들을 물리적 요소와 화학적 요소로 나누어 보면 다음과 같다.

1) 물리적 요인

(1) 온도

미생물이 생육할 수 있는 온도 범위를, 최고 온도(maximum temperature), 최적 온도(optimum temperature), 최저 온도(minimum temperature)라고 한다. 온도 변화에 따라

세 그룹으로 나눌 수 있는데, 저온균(psychrophile)의 최적 생육 온도는 15~25℃이며, 중온균(mesophile)은 25~40℃, 고온균(thermophile)의 최적 생육 온도는 50~60℃이며 중온균이 가장 많은 비중을 차지하고 있다. 미생물은 생육 최적온도에서 가장 활발한 증식과 대사작용 및 효소 작용을 하며 특히 고온에서 단백질이나 핵산 성분이 비가역적으로 불활성화되기도 한다.

표 3-3 온도와 미생물

분류	발육온도(℃)			예
	최저	최적	최고	
저온균 (호냉균: psychrophile)	0~5	10~20	25~30	수생균(*Vibrio*), *Pseudomonas*, *Achromobacter*와 같은 수중세균
중온균(mesophile)	10~15	25~40	40~50	사상균, 효모, 곰팡이, 대부분의 병원균
고온균(호열성: thermophile)	25~45	50~60	70~90	온천균, 퇴비균, *Bacillus coagulance*, *Clostridiium thermosacchariticum*

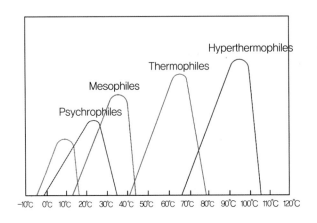

그림 3-6 미생물 생육의 최적온도

(2) 내열성

대부분의 미생물은 생육최저온도 이하에서도 생명력을 잃지 않고 성장이 정지되는 형태로 견딘다. 그러나 최고 온도 이상에서는 쉽게 사멸되며 사멸 효과는 습열, 건열에 따라 크게 달라진다. 미생물은 습열 조건에서 살균 효과가 더 크며, 보통 영양 세포는 55~60℃에서 30분간 가열로 살균할 수 있다(저온살균). 건열 조건에서 살균효과는 150~160℃에서 1시간 이상이 소요된다. *Clostridium*과 *Bacillus* 속은 내열성이 강한 포자를 형성하므로, 3일간 80~100℃로 30분씩 습열 살균하는 간헐멸균법이 효과적이다. 중성보다 산성 쪽에서 살균 효과가 크므로, 산 함량이 큰 통조림일수록 멸균 효과는 크다.

(3) 압력

보통의 미생물들은 1기압의 대기압에서 생육된다. 균들이 300기압 이상이 되면 생육이 저해되며 400기압에서는 거의 정지 상태를 이룬다. 미생물 종류에 따라서는 1,000기압에서 생육 가능한 균도 존재한다.

(4) 빛

적외선과 가시광선은 살균력이 거의 없으나 자외선은 2537Å 부근에서 가장 강한 살균력을 가진다. 따라서 병원균을 사멸하기 위해 자외선을 이용하기도 한다. 자외선은 살균 뿐 아니라 변이 작용이 있어서 자외선 조사 후 생존균은 변이주(mutant)가 되기도 한다.

(5) 삼투압

단당류가 이당류, 올리고당류, 다당류보다 세포에 대한 삼투압이 높다. 미생물은 당농도보다 염농도에 더 민감하여 2%식염의 존재로 내염성균을 나눈다. 비호염성균이란 2%이하 식염에서 생육이 양호한 균을 의미한다. 미호염성균이란 2~5% 식염에서 잘 증식하는 균으로 *Pseudomonas*, *Vibrio*, *Achromobacter*, *Flavobacterium* 속 등이 여기 속한다. 중도호염성균은 5~20% 식염에서 증식하는 균으로 대부분 해양미생물이다. *Pseudomonas*, *Vibrio*, *Achromobacter*, *Brevibacterium*, *Bacillus*, *Bacteroides*, *Lactonacillus*, *Micrococcus*, *Sarcina*, *Streptococcus*, *Staphylococcus* 속 등이며, 바닷고기, 염장어, 된장, 간장 등에서 분리된다. 고도호염균은 20~30% 식염에서 생육하며 *Halobacterium*, *Halococcus* 속 등이 있다. 구균이 간균보다 내염성이 강하고, 병원성균은 내염성이 약한 편이다.

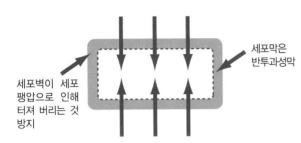

일반적인 미생물 환경 저장액(hypotonic)
세포 내부보다 용해된 용질의 농도가 낮다.
삼투현상에 의해 물이 세포 내부로 들어감

삼투현상에 의해 물이 세포 내부로 들어감

세포벽이 세포
팽압으로 인해
터져 버리는 것
방지

세포막은
반투과성막

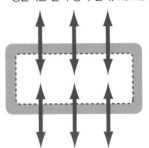

등장액(isotonic)
세포의 내부와 외부의 용질의
농도가 같은 경우

흡수 · 방출되는 물의 양이 같다. net flow = 0

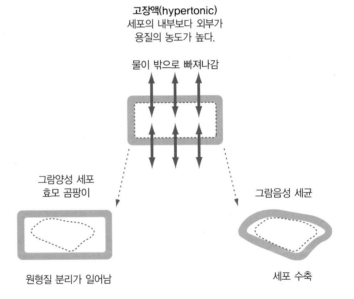

고장액(hypertonic)
세포의 내부보다 외부가
용질의 농도가 높다.

물이 밖으로 빠져나감

그람양성 세포
효모 곰팡이

그람음성 세균

원형질 분리가 일어남

세포 수축

그림 3-7 삼투압이 미생물 세포에 미치는 영향

2) 화학적 요인

(1) 수분

식품 중 미생물이 이용할 수 있는 물(자유수)의 양을 수분활성(Water Activity, Aw)으로 나타낸다. 세균의 최적 수분활성도는 Aw 0.9 이상이며, 효모는 0.85~0.88 이상, 그리고 곰팡이는 수분활성도 0.8 이상이다. 따라서 식품의 수분함량을 13% 이하로 건조하여 미생물의 생육을 억제하기도 한다.

(2) 산소
산소 유무에 의해 정상적으로 생육되거나 생육이 저지되는 균이 있다. 다음은 미생물을 액체배양한 경우 산소요구성에 따른 미생물의 생육 형태 간의 차이를 나타내는 그림이다.

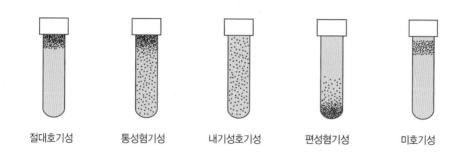

|절대호기성|통성혐기성|내기성호기성|편성혐기성|미호기성|

그림 3-8 산소 유무에 따른 미생물의 생육형태

절대(편성)호기성균은 유리산소 공급이 반드시 있어야만 생육할 수 있는 균으로 곰팡이, 산막효모, 대부분의 *Bacillus* 속이 여기 속한다. 통성혐기성균은 유리 산소의 공급이 있으면 잘 자라지만, 없어도 자랄 수 있는 균류로 장내세균과 병원성균이 많다. 내기성

표 3-4 산소와 미생물

구 분	대표적인 미생물	산소에 대한 성질
편성 호기성 균	*Bacillus, Pseudomonas Micrococcus* 대부분의 곰팡이, 산막 효모	산소의 존재하에서만 증식
미호기성 균	*Streptococcus, Camphylobacter*, 젖산균	유리산소의 소량 존재하에서만 발육
통성 혐기성 균	대부분의 효모, 대부분의 세균	산소의 존재의 유무에 관계없이 증식
편성 혐기성 균	*Clostridium*, 파상풍균	산소가 존재하지 않는 조건에서만 증식

호기성균은 산소의 존재 유무에 관계없이 잘 자랄 수 있는 균이며, (편성)혐기성균은 유리산소가 존재하지 않는 상태에서 생육 가능한 *Clostridium* 속 등이 있다. 미호기성균은 대기압의 산소(20%)보다 적은 양(5% 내외)의 산소 분압에서 잘 자라는 균류로, 간혹 CO_2의 공급이 필요한 균도 있다. *Campylobacter* 속과 *Leuconostoc, Lactobacillus, Pediococcus* 속 등의 젖산균이 여기 속한다.

(3) pH (수소 이온의 농도)

온도와 마찬가지로 미생물마다 생육 가능한 최고, 최적, 최저 pH가 다르다. 세균의 생육 최적 pH는 6~8, 효모 5~6, 곰팡이 3~4정도이다.

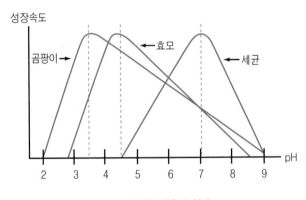

그림 3-9 미생물 생육의 최적 pH

(4) 이산화탄소(CO_2)

독립영양균은 CO_2를 탄소원으로 이용하지만, 종속영양균은 대사 중간 물질로 생성된 일부 CO_2만을 생육에 사용한다. 배양 중 CO_2의 농도가 높아지면, 균의 증식 속도가 감소하며 오히려 살균력이 생긴다. 효모의 경우는 CO_2내성이 강한 편이고 곰팡이는 약하다.

(5) 식염, 당

식염이나 당의 농도가 높아지면 삼투압이 일어나 미생물의 생육이 저해되기도 한다. 따라서 실험실에서는 미생물을 다룰 때 생리식염수(0.85% 식염)를 사용하여 실험 중 삼투압의 영향을 배제한다.

(6) 화학 약품

미생물의 증식을 억제하는 화학제로 다양한 소독제가 사용된다.

표 3-5 화합물의 종류와 사용

화합물	사용 농도
수은화합물	승홍 0.1%, 머큐로크롬 2~3%
할로겐유도체	염소 0.1~0.2 ppm, $CaOCl_2$(클로르석회), I_2 0.6%
방향족화합물	페놀 3%, 크레졸 1~2%, 역성비누
산화제	과산화수소(H_2O_2) 3%, $KMnO_4$, O_3, 붕산
지방족화합물	알코올 70%, 포르말린 30~40%

5 미생물의 증식과 식품의 부패

식품은 미생물에 있어 상당히 좋은 영양원이므로 미생물 생육과 관련된 조건이 적당해지면 미생물의 증식한다. 육류와 유제품은 높은 영양가의 이용이 쉬운 탄수화물, 지방, 단백질로 구성되기 때문에 미생물에 의한 부패에 매우 취약하다.

단백질의 가수 분해(proteolysis)와 부패는 미생물에 의한 단백질 부패의 대표적인 결과이다. 살균되지 않은 우유는 4단계의 변질 과정을 거친다. *Lactococcus lactis*의 아속인 유산균에 의한 산이 생성되면 이후 좀더 산에 저항성이 있는 *Lactobacillus* 속의 유산균이 미생물이 성장하며 더 많은 산을 생성한다. 산성의 조건에서 효모와 곰팡이가 우점종이 되고, 축적된 젖산을 분해하면 산성도는 점차 떨어진다. 마지막 단계에서 단백질분해 세균의 증식이 활발해지면서 고약한 냄새와 쓴 냄새를 풍기며 투명하게 변한다.

대부분의 과일과 채소는 바로 분해되어 이용 가능한 탄수화물이 풍부하므로 주로 세균이 부패를 유발한다. 특히 *Erwinia carotovora*와 같은 가수 분해 효소를 생성하는 세균은 채소의 짓무름을 일으킨다. 신선한 과일의 초기 부패 단계에는 세균보다 곰팡이가 먼저 작용한다. 곰팡이는 방어적인 외부껍질을 약하게 만들어 내부로 침투하는데 필요한 효소를 가지고 있다. 약해진 과피 내부로 곰팡이가 침투하면 기타 세균들의 침입도 용이하게 된다.

식품의 부패는 얼린 오렌지 농축액에서도 일어난다. 열처리가 충분하지 못한 경우, 주로 디아세틸-버터(diacetyl-butter)향을 만드는 *Lactobacillus* 속 균과 *Leuconostoc* 속 중 일부 균에 의해 부패가 시작된다. *Saccharomyces* 속과 *Candida* 속 또한 주스를 상하게 하는 원인균이다. 농축된 주스는 낮은 수분활성도를 갖기 때문에(Aw=0.8~0.83) 약 -9℃에서 보관하면 장기간 저장할 수 있다. 그러나 농축된 주스가 부패성 미생물이 들어 있는 물로 희석되거나 오염된 용기에 보관되면 문제가 생길 수 있다. 또한 농축된 주스에 들어 있던 미생물에 물이 첨가되면 상대적으로 수분활성도가 높아지면서 부패가 진행될 수 있다. 농축하지 않은(RTS, Ready-To-Serve) 주스의 Aw값은 미생물이 증식할 수 있을 정도로 높기 때문에 다른 문제가 생기기도 하며 특히 냉장에서 장기간 저장할 때 저온균에 의

표 3-6 식품의 부패에 중요한 미생물 그룹과 수분활성도

미생물	a$_w$	미생물	a$_w$
그룹		**그룹**	
most spoilage bacteria	0.9	Halophilic	0.75
most spoilage yeast	0.88	Xerophilic mold	0.61
most spoilage mold	0.80	Oxmophilic yeast	0.61
특징적 미생물		**특징적 미생물**	
Clostridium botulinum, type E	0.97	*Candida scottii*	0.92
Pseudomonas spp.	0.97	*Trichosporon pullulans*	0.91
Acinetobacter spp.	0.96	*Candida zeylanoides*	0.90
Escherichia coil	0.96	*Geotrichum candidum*	~0.90
Enterobacter aerogenes	0.95	*Trichothecium spp.*	~0.90
Bacillus subtilis	0.95	*Byssochlamys nivea*	~0.87
Clostridium botulium, types A and B	0.94	*Staphylococcus aureus*	0.86
		Altermaria citri	0.84
Candida utilis	0.94	*Pencilium patulum*	0.81
Vibrio parahaemolyticus	0.94	*Eurotium repens*	0.72
Botrytis cinerea	0.93	*Aspergilus conicus*	0.70
Rhizopus stolonifer	0.93	*Aspergilus echinulatus*	0.64
Mucor spinosus	0.93	*zygosaccharomyces rouxii*	0.62
		xeromyces bisporus	0.51

해 문제를 일으키게 된다. 이런 문제는 주스를 저온 살균(pasteurization)하면 막을 수 있지만, 소비자는 대부분 이러한 처리를 통해 맛이 손실되는 것을 좋아하지 않는다.

곰팡이 종류는 토마토와 같은 채소류에서 종종 문제가 된다. 토마토 껍질에 약간의 흠만 생겨도 내부가 노출되므로 곰팡이가 빠르게 번식하여 성장한다. 일반적으로 발견되는 곰팡이는 *Alternaria*, *Cladosporium*, *Fusarium*, *Stemphylium* 속 등이다. 이들의 증식은 토마토 주스나 케첩과 같은 토마토 제품의 품질을 현격히 떨어뜨리는 원인이 된다.

곰팡이는 곡물과 땅콩, 옥수수 등이 습한 환경에 장기간 보관될 때에도 빠르게 번식한다. 그림 3-10은 빵에 광범위하게 퍼진 곰팡이 균사와 포자이다. 초록빛을 띠는 것은 대부분 *Penicillium* 속이며, 검은색으로 성장한 것은 *Rhizopus stolonifer*이다. 이들은 경우에 따라 곰팡이 독을 분비하여 환각을 유발하는 알칼로이드 화합물을 생성하고, 섭취했을 경우 신경계에 작용하여 행동의 변화나 유산 또는 죽음에까지 이를 수 있다.

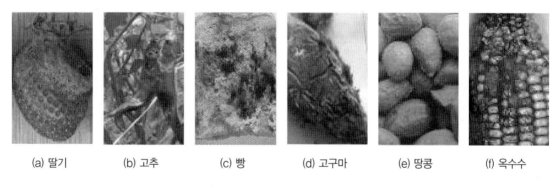

(a) 딸기   (b) 고추   (c) 빵   (d) 고구마   (e) 땅콩   (f) 옥수수

그림 3-10 **식품의 부패**

곰팡이가 식품에서 생육하며 생산하는 발암물질로는 아플라톡신(aflatoxin)과 푸모니신(fumonisin)이 있다. 아플라톡신은 대부분 건조되지 않은 곡물과 땅콩제품에서 생성되며 특히 곰팡이가 생긴 땅콩제품에서 일반적으로 생성된다. 아플라톡신은 가축과 실험실 동물의 면역력, 성장, 그리고 질병 저항성에 영향을 주는 강력한 간암유발물질(Hepatocarcinogen)이다. 아플라톡신은 곡류에서 중요하기도 하지만 맥주, 코코아, 건포도, 콩 식품 등에서도 발견되므로 저장 및 품질 관리가 중요하다.

표 3-7 식품의 특징에 따른 부패 과정의 차이점

기 질	식품 예	화학반응 또는 공정	주요 산물과 영향
펙 틴	과일	펙티놀리시스 (pectinolysis)	메탄올, 유로닉산(과일의 구조 파괴, 짓무름)
단백질	육류	단백질분해, 탈아미노화 (deamination)	아미노산, 펩티드, 아민, H_2S, 암모니아, 인돌(쓴맛, 신맛, 불쾌한 냄새, 미끄러움)
탄수화물	전분성 식품	가수분해, 발효	유기산, CO_2, 다양한 알코올(신맛, 산화), 글리세롤, 다양한 지방산(역겨움, 쓴맛)
지 방		가수분해, 발효	

곰팡이에 오염된 옥수수에서 1988년 처음으로 푸모니신이 발견되었다. 이 푸모니신은 *Fusarium moniliforme*에 의해 생성되고 말에게는 백질뇌종(Leukoencephalomalacia), 돼지는 폐부종(Pulmonary edema), 사람에게는 식도암을 유발시킨다. 푸모니신은 생화학으로 중요한 스핑고 지질(sphingolipid)의 합성과 대사를 방해하여 다양한 세포의 기능에 영향을 미친다. 또한 세포에서 지방성 물질의 사용 시 필요한 효소인 세라미드 합성효소(ceramide synthase)를 저해한다. 옥수수와 옥수수 제품은 곰팡이가 발생하지 않도록

표 3-8 해양 조류 독소와 관련된 독성 증세

증 세	원인미생물(s)	1차 매개자	독소의 종류
기생성 갑각류 중독	*Alexandrium* spp. *Gymnodinium* spp. *Pyrodinium* spp.	갑각류	Saxitoxin
신경독소 갑각류 중독	*Gymnodinium breve*	갑각류	Brevitoxin
시구아테라 물고기 중독	*Gambierdiscus toxicus*	리프 물고기	Ciguatoxin
기억상실 갑각류 중독	*Pseudo-nitzchia* spp.	갑각류	Domoic acid
설사성 갑각류 중독	*Dinophysis* spp. *Prorocentrum* spp.	갑각류	Dinophysistoxin
하구 증세	*Pfiesteria piscicida*	물	Okadac acid

건조한 조건에서 보관하는 것이 매우 중요하다. 진핵 미생물은 아플라톡신이나 푸모니신과는 다른 심각한 독성 물질을 합성할 수 있다. 예를 들어, 물고기가 조류독소(algal toxin)에 오염되어 먹이사슬의 상위에 있는 해양동물의 건강에 영향을 미치면, 이들은 또한 조개류와 일반 물고기를 감염시키고 이를 사람이 섭취하면 사람에게까지 문제를 일으킨다. 대부분의 독소는 쌍편모조류(Dinoflagellate)에 의해 생성되지만 일부 규조류(Diatom)도 독성이 있다. 해산물에 존재하는 조류독소에 감염된 사람은 건망증, 설사, 신경성 조개류 중독 증상을 보인다. 조류독소는 복잡한 구조를 가지고 있으며 열에 대한 안정성이 높고, 섭취 후 한 시간 안에 말초신경계에 영향을 미친다.

6 식품 부패의 억제 방법

발효를 위해 의도한 경우를 제외하고는 식품에 미생물이 증식하면 부패되어 식품으로써의 가치를 잃게 된다. 이런 부패를 억제하여 장기간 식품을 보관하는 것을 식품의 저장이라 말하며 식품의 저장법은 다양하다.

  예로부터 선조들은 우리의 식생활에 숯을 널리 활용하였다. 장을 담글 때 숯을 넣어 불순물을 제거할 뿐 아니라 잡균의 오염을 막는 방부 효과를 얻을 수 있었기 때문에, 메주를 담글 때 함께 넣기도 하고 항아리 입구에 솔잎 등과 함께 메달아 금줄을 두르기도 했다. 신생아가 태어난 집에는 숯을 매달아 출입하는 사람들에게서 옮겨질지 모를 병원균이나 오염 물질을 흡착시켜 면역력이 약한 아기를 보호하였다. 숯에는 습도를 조절하는 능력이 있어서 팔만 대장경을 보존하기 위해 숯을 사용했다는 기록도 있다. 습도를 조절하여 물리·화학적인 변질뿐 아니라 미생물의 증식도 억제할 수 있는 효과를 얻은 것이다. 최근에도 통숯을 그대로 이용하여 가습효과와 탈취 효과 및 조경으로서 활용하기도 하며, 숯 성분을 함유한 비누, 세제, 탈취제 등 다양한 제품이 생산되고 있다.

그림 3-11 숯의 활용

냉장고가 없던 시대에는 어육을 오래 저장하기 위해 햇빛에 널어 말려 자외선에 의한 살균효과와 건조효과를 동시에 얻을 수 있었으며, 소금에 절이는 염장 식품을 개발하여 세균의 오염을 방지하였다. 현대의 식품 저장방법은 부패를 일으키는 미생물을 제거하거나 살균시켜 미생물의 수를 감소시킨 후 적절한 저장 방법과 포장으로 식품의 품질을 유지시키고 있다. 식품의 미생물 오염 및 증식은 개봉 후부터 저장하는 기간에 증가하는 것이 일반적이며 세균의 증식속도는 섭취 직전에 가장 많이 발생된다. 식품의 미생물 오염을 방지하기 위해서는 다음과 같은 여러 가지 요소를 적절히 조절함으로써 효과를 얻을 수 있다.

표 3-9 **식품저장의 기본 원칙**

접근방법	처리 예
미생물 제거	미생물 오염 회피: 물리적 여과, 원심분리
저 온	냉장, 냉동
고 온	미생물의 부분 또는 완전한 가열 멸균(저온처리와 통조림화)
물 이용성의 감소	냉동건조로 물 제거, 스프레이형 건조기 또는 가열드럼의 물 이용성 감소, 소금·설탕 등 용질의 사용으로 물 이용성 감소
화학물질에 기초한 보온법	특수 억제제 첨가(예: 유기산, 질산, 이산화황 등)
방사선 조사	이온성(감마선) 또는 비이온화성(자외선) 방사선조사
미생물 생성물에 기초한 억제	박테리오신과 같은 물질을 식품매개성 병원체 억제를 위해 첨가

1) 막여과를 통한 미생물의 제거

물, 포도주, 맥주, 주스 및 음료수 등 점도가 낮은 액체류는 여과(filtration)로 미생물을 제거하는 것이 유효하다. 여과막의 미세한 기공 사이즈(pore size)는 세균을 걸러 낼 만큼 충분히 작은 여과지를 사용하여 액상 식품 중의 세균 수를 줄이거나 완전히 제거할 수 있다. 고가의 여과지(filter) 수명과 제균 효율을 최대로 하기 위해 여과 전에 원심분리 또는 예비여과(prefilter)가 선행되기도 한다. 국내 맥주회사는 맥주 원래의 향과 맛을 보존하기 위해 대부분의 생산 맥주의 살균에 저온살균보다 여과법을 사용한다.

2) 저온 및 고온 처리

(1) 저온 저장

저온 저장은 미생물의 증식을 억제하는 대표적인 저장 방법이다. 일반적으로 5℃의 저장 온도에서 미생물의 증식은 억제되지만, 장기간 보관하게 되면 느리지만 꾸준히 미생물이 증식하여 결국 부패가 일어난다. 저장온도 -10℃ 이하에서는 농축주스나 아이스크림 특히 일부 과일에서 느리게 미생물 증식이 일어난다는 것이 발표된 바 있다. 저온저장 중 저온에 매우 민감한 일부 미생물은 살균되어 미생물의 수가 감소할 것이나, 일반적으로 저온에서는 미생물의 세포활동이 느려지거나 정지될 뿐이며 사멸되는 것이 아니므로 저온 저장만으로는 미생물 수를 감소시킬 수 없다.

(2) 고온 처리

고온 살균처리는 식품을 높은 온도와 압력에 일정 시간 동안 노출시키는 방법으로 식품 중 미생물을 사멸시킨다. 이는 미생물의 증식과 식품의 부패를 방지하는 적극적인 살균 방법이다. 일반적인 고온 살균법 중 저온 살균(pasteurization)은 병원 미생물은 모두 사멸시키고 부패 미생물의 수를 충분히 감소시키는 온도로 식품을 열처리하는 것이다. 우유, 맥주, 과일주스의 살균처리는 보통 낮은 온도의 저온처리 방법(LTLT, Low-Temperature Long-Time)을 사용하며 보통 62.8℃에서 30분간 처리한다. 경우에 따라서는 식품을 고온 단시간처리법(HTST, High-Temperature Short-Time)에 의해 처리하기도 하는데 이때는 71℃에서 15초간 처리한다. 우유는 131℃에서 2초간 처리하는 초고온순간살균법(UHT, Ultra-High-Temperature)으로 가열 시간을 단축하여 맛이 좋으며 모든 세균을 멸균하므로 오래 저장할 수 있다.

　통조림 식품의 가공은 높은 온도에서 고온고압 살균처리 하여 부패 미생물을 완전히 제거함에도 불구하고 부패한 통조림 식품이 발견되기도 한다. 이것은 통조림 제조 전에 원료 자체가 부패했거나, 통조림 제조 시 멸균처리가 불완전하였거나 통조림의 밀봉 처리가 부족한 상태에서 냉각처리 중 오염된 물이 통조림으로 스며들었을 때 발생할 수 있다. 부패한 통조림 식품은 색, 감촉, 냄새, 맛 등이 변하며, 유기산, 황화물, 기체(CO_2, H_2S) 등이 생성될 수 있다. 부패 미생물이 생성한 기체는 통조림을 팽창시키며, 팽창 정도가 약할 경우 손가락으로 누르면 반대편이 튀어나오기도 하고(springer), 또는 기체압력이 커서 양면을 눌러도 들어가지 않는 경우도 있다[swell(soft/hard)]. 하지만 통조림의 팽창이 항상 미생물의 부패 때문에 발생되는 것은 아니다. pH가 낮은 산성 식품은 산과 통조림의 철이 반응해 수소가스를 방출하여 팽창될 수도 있고, *Desulfotomaculum*에 오염된 경우에는 이 균이 황화수소(hydrogen sulfide)를 만들고 '황 악취'라 불리는 이취(off-flavor)가 발생하기도 한다.

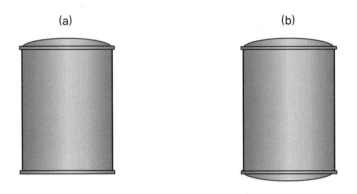

그림 3-12   (a) Springer: 통조림의 한 면이 팽창되어 그것을 누르면 반대편이 튀어나오는 상태,
(b) Swell (soft/hard): 양면이 모두 팽창한 상태

3) 수분활성도 조절

식품 중에 들어 있는 수분 중 미생물이 이용할 수 있는 자유수(free water)의 양을 줄임으로써 미생물의 생육을 억제하는 방법이다. 현대적 건조 과정은 곡식, 육류, 물고기, 과일 등을 자연적 방법으로 건조시켰던 전통 방법을 현대화한 것이다. 냉동건조 식품을 만들기 위한 동결건조와 같은 건조 과정은 수분활성도를 최대한 감소시켜 미생물의 증식을 억제한다. 건조 과정을 거치면 식품 속에 존재하던 자유수는 제거되고, 남아 있는 수분 속의 용질농도는 증가되어 식품의 장기 보관이 가능해진다.

4) 조사 처리

자외선 조사는 실험실과 식품조리 기구의 표면에 있는 미생물을 살균하는 데 유용하다.

그러나 자외선은 식품을 투과하지 못하고 살균력이 잔존하지 않아 살균 후 재오염의 가능성이 언제나 있다는 단점이 있다. 자외선 조사와 더불어 방사선 조사도 식품의 살균을 위해 사용된다. 방사선 조사에는 주로 ^{60}Co에서 나오는 감마선을 이용하는데 이러한 전자기성(electromagnetic) 조사는 자외선에 비해 투과력이 매우 좋다. 방사선 조사는 미생물 세포에 존재하는 수분 내에서 과산화물(peroxide)을 생성시키고, 이것이 세포 구조물질을 산화시켜 사멸시키기 때문에 수분이 많은 식품의 살균에 이용된다. 이러한 과정을 아퍼트(Nicholas Appert)의 이름을 따서 방사선 살균(radappertization)이라고 하며, 해산물, 과일, 채소류의 살균에 사용하여 식품의 저장 기간을 증가시키는데 이용한다. 육류제품의 방사선 살균에는 보통 4.5~5.6Mrad의 방사선을 사용한다.

5) 화학물질 처리

보존제, 살균제, 황산화제와 같은 다양한 화학물질이 식품의 보존에 사용된다. 이러한 물질들은 미국 식품의약품안전청(U.S. Food and Drug Administration)에서 엄격하게 안전성 검사를 한 후 그 사용을 규제하고 있다. 단순 유기산, 아황산염(sulfite), 기체 살균제로 산화에틸렌(ethylene oxide), 아질산나트륨(sodium nitrite), 에틸포름산(ethyl formate) 등이 여기에 속한다. 이러한 화학물질들은 세포 원형질막을 손상시키거나 다양한 세포 단백질을 변성시켜 생리적 활성을 잃게 하여 세포를 사멸한다. 또한 핵산의 기능을 방해하여 세포의 복제를 억제하는 물질로 작용한다.

화학물질 중 화학적 보존제의 효력은 식품의 pH에 영향을 받는다. 예를 들어 대표적 보존제인 프로피온산 나트륨(sodium propionate)은 식품의 pH가 낮을 경우 가장 효과적이다. 낮은 pH에서는 주로 해리되지 않는 형태로 존재하여 미생물의 지방에 흡수되고, 그 후 미생물 세포 내에서 해리되어 미생물을 사멸시킨다. 이런 이유로 pH가 낮은 빵에는 보존제로서 프로피온산 나트륨을 주로 사용한다. 아질산나트륨(sodium nitrite)은 *Clostridium botulinum*의 증식과 포자 발아를 억제하기 때문에 햄, 소시지, 베이컨 등 육류 가공품의 보존을 돕기 위해 사용하는 중요한 화학물질이다. 이것은 보툴리누스에 의한 식중독(botulism)에서 육류 가공품을 보호하고 부패 속도를 늦춘다. 아질산염(nitrite)은 육류에 함유되어 있는 미오글로빈이나 헤모글로빈과 결합하여 육가공품을 복숭아빛

표 3-10 식품 저장에 사용되는 주요 화학 물질

보존제	최대 사용량의 추정치	제어되는 미생물	식 품
propionic acid/ propidnate	0.32%	곰팡이	빵, 케이크, 일부 치즈, 점착성 빵 반죽의 억제제
sorbic acid/ sorbate	0.2%	곰팡이	단단한 치즈, 무화과, 시럽, 샐러드드레싱, 젤리, 케이크
benzoic acid/ benzoate	0.1%	효모와 곰팡이	마가린, 피클, 애플사이다, 음료수, 토마토케첩, 샐러드드레싱
parabensa	0.1%	효모와 곰팡이	빵, 음료수, 피클, 샐러드드레싱
SO_2/sulfite	200~300ppm	곤충과 미생물	당밀, 건조과일, 포도주, 레몬주스(석류나 티아민이 있는 음식에는 사용할 수 없음)
ethylene/ propylene oxide	700ppm	효모, 곰팡이, 버민(vermin)	양념, 견과류, 훈증약
sodium diacetate	0.32%	곰팡이	빵
dehydroacetic acid	65ppm	곤충	딸기, 호박의 살충제
sodium nitrite	120ppm	클로스트리디아	육류 보존
caprylic acid	–	곰팡이	치즈 외피
ethyl formate	15~200ppm	효모와 곰팡이	건조과일, 견과류

으로 발색하는 발색력도 갖고 있다. 이 아질산염은 식품 내의 아민(amine) 또는 아마드류와 반응해 발암성인 니트로사민(nitrosamine)을 생성하며 여러 장기에 악성 종양을 형성하는 것으로 알려져 있다.

6) 미생물 생성물에 기초한 억제

식품 보존에 미생물 생성물인 박테리오신(bacteriocin) 사용이 주목받고 있다. 박테리오신은 미생물이 생산하는 천연의 무독성 방부 물질로 다른 세균에 작용하여 항균활성을

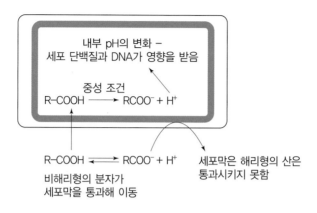

내부 pH의 변화 –
세포 단백질과 DNA가 영향을 받음

중성 조건
R–COOH $\longrightarrow$ RCOO⁻ + H⁺

R–COOH $\rightleftarrows$ RCOO⁻ + H⁺
비해리형의 분자가
세포막을 통과해 이동

세포막은 해리형의 산은
통과시키지 못함

그림 3-13 유기산이 미생물 세포에 영향을 미치는 기작

지니는 펩타이드 물질이다. 박테리오신은 다른 세포의 특수한 부분에 결합하여 세포막의 형태와 기능에 영향을 미친다. 현재 식품 사용이 승인된 제품은 니신(nisin)이다. 니신은 *Streptococcus lactis*의 일부 균주에서 생성되는 작은 소수성(hydrophobic) 펩타이드 물질이다. 이것은 인체에 해가 없으며 주로 그람양성균, 특히 *Enterococcus faecalis*에 영향을 미친다. 니신은 통조림 제조과정 중 *Clostridium botulinum*의 활성화를 막기 위해서 또는 살아남은 포자의 발아를 저해하기 위하여 저산성 식품에 사용한다.

천연 단백질인 박테리오신은 식품 산업에 있어서, 최소의 열처리와 저온유통의 안정성을 확보할 수 있는 좋은 방법으로 인식되어 통조림제품, 발효 알코올 음료류, 고추장, 된장, 두부, 김치, 약주, 발효유 등의 저장성과 안정성에 기여하고 있다. 가공품뿐만 아니라 어패류의 신선도 유지 및 과채류의 저장성 향상 등에도 응용하고 있다. 이러한 박테리오신은 생산 미생물에 따라 다양한 이름을 가지며, 다양한 작용으로 살균 작용을 한다. 박테리오신은 세균의 양성자 원동력(PMF, Proton Motive Force)을 분산하는 작용을 한다. 일부 박테리오신은 원형질 막에 소수성 통로를 형성하여 저분자량의 분자를 유출하기도 하며, 다른 박테리오신은 단백질과 RNA합성을 억제하기도 한다. 박테리오신을 체다치즈에 첨가할 경우, 저장 180일 후 치즈에 있는 *Listeria monocytogenes*의 수가 1/2~1/3배 감소하는 것으로 확인되었다. 박테리오신과 유사한 화합물은 진핵생물에서도 발견된다.

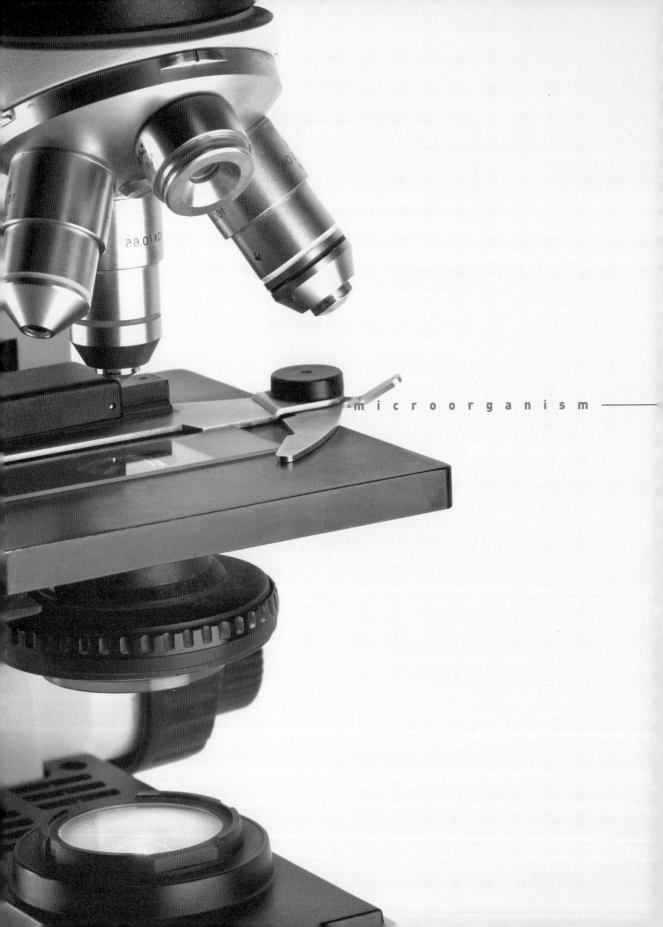

microorganism

식품 미생물의 이용

식품 미생물의 이용

1 발효의 정의 및 목적

발효(fermentation)란 식품의 저장 기간을 연장하기 위한 목적으로 시작된 것으로 미생물이나 균류를 이용하여 인간에게 유용한 물질을 얻어내는 일련의 과정을 일컫는 것으로 산소가 없는 조건하에서 당을 분해하는 과정을 포함하는 개념이다. 미생물의 성장과 대사산물의 생성 측면에서 볼 때 발효와 비슷한 개념이 부패(spoilage)인데 부패는 주로 생물체가 분해되면서 인간에게 유익하지 못한 물질 들이 생성되는 과정을 발한다.

인간에게 이로운 물질을 생산하는 과정은 발효, 유기물을 분해하여 아민이나 황화수소(H_2S) 등을 생성하여 악취를 내거나 유독 물질을 생산하는 미생물의 성장은 부패로 구분하면 된다. 넓은 의미에서는 부패도 발효의 범주에 포함된다. 수천 년 동안 식품 보관의 주된 방법이었던 발효는 자연적·인위적으로 식품에 접종된 미생물이 식품 중에서 증식되는 과정에서 장기간 식품을 보관할 수 있는 형태가 되는 화학적 또는 물리적인 변화로 식품은 발효 과정을 거치면서 새로운 향기와 맛이 식품에 더해져 향미가 증진되기도 한다. 발효는 인간의 음식 조리 방법 중 하나로 인간이 섭취하는 음식의 1/3 이상이 발효 식품이라 해도 과언이 아니다.

1) 발효의 분류

발효는 원재료의 종류, 관여 미생물, 최종 대사산물 등에 따라 여러 가지로 분류하나 여기서는 최종대사산물에 의한 발효 식품을 소개하고자 한다. 국내의 대표적인 발효 식품으로는 김치, 간장, 된장, 고추장, 식초, 빵, 치즈, 요구르트, 젓갈 등이 있으며, 발효는 식품뿐만 아니라 사료 및 의약품 공업에서도 활용되고 있다.

표 4-1 미생물에 따른 발효 식품의 예

최종대사산물	식품의 예
유산(젖산, lactic acid)	요구르트, 치즈, 김치, 발효소시지, 피클 등
초산(아세트산, acetic acid)	식초
알코올(주정, alcohol)	맥주, 과실주, 막걸리, 청주, 빵, 와인, 간장 등

2) 발효의 원리

식품의 발효는 수분활성도, pH 등의 내적인 요인이나 온도, 상대습도, 공기조성, 타 미생물의 존재 등의 외적인 요인에 의하여 영향을 받는다. 이상의 요인들이 복잡, 다양하게 얽히면서 발효가 진행되어 발효의 원리를 간단하게 정의 하기는 매우 어렵다. 발효는 정상 발효(동형 발효, homofermentation)와 비정상 발효(이형 발효, heterofermentation) 두 가지로 구분하는데 이를 구분하는 가장 명확한 구분은 주요 최종대사산물의 수에 의하여 결정된다. 정상 발효는 한가지의 대사산물을 형성하는 발효 과정이며, 비정상 발효는 두 가지 이상의 최종대사산물을 형성하는 것을 말한다. 발효의 과정이 어떤 발효의 패턴을 나타내느냐는 내외적인 생육 환경에 의하여 결정되게 된다.

2 발효 식품

1) 발효유

(1) 발효유의 기원 및 규격

발효유는 기원전 3,000년경 유목민이 가축의 젖을 짜서 가죽 주머니에 넣고 다니는 과정에서 커드(curd)가 형성되는 것을 발견하고 그 맛을 보았더니 맛이 좋고 잘 부패하지 않는 것을 발견한 데서 유래되었다. 현대의 발효유의 사전적 의미로는 우유, 산양유 등의 포유류의 젖이나 그 가공품을 원료로 유산균이나 효모를 이용하여 발효시킨 것으로 이에 당이나 향을 첨가하여 만든 제품을 통틀어 발효유로 정의하고 있다. 발효유의 종류는 사용한 원료의 종류, 형태, 고형분 함량, 미생물의 종류 및 생산 지역에 따라 그 종류가 세계적으로 광장히 다양하게 존재하고 있다. 발효유의 과학적인 효능은 러시아의 생물학자인 메치니코프의 연구에서 유산균의 장내 부패균 제거, 독소 제거 등의 효과를 과학적으로 입증함으로써 현대의 소비자들에게 각광받기 시작하였다.

(2) 발효유의 종류

발효유는 국내뿐만 아니라 세계적으로도 그 종류가 다양할 뿐 아니라 그 판매량도 날로 증대되고 있다. 발효유는 물리적인 성상, 즉 점도에 따라 호상, 액상 또는 드링크형 요구르트 등으로 구분하며 성분에 따라서는 다음과 같이 구분한다.

표 4-2 성분규격에 따른 요구르트의 분류

분류	성상	무지고형분(%)	유지방(%)	유산균수 또는 효모수(CFU/mL)
발효유	고유의 색과 향미를 가지며 이미, 이취가 없어야 함	3.0 이상	–	1.0×10^7 이상
농후발효		8.0 이상	–	1.0×10^8 이상
크림발효		3.0 이상	8.0 이상	1.0×10^7 이상
농후크림발효		8.0 이상	8.0 이상	1.0×10^8 이상
발효버터유		8.0 이상	1.5 이하	1.0×10^7 이상

발효유는 또한 최종발효산물에 따라서도 순수한 유산균만으로 발효한 유산균 발효유와 유산균과 효모균의 발효가 이루어진 유산균 알코올 발효유로 구분하며 우리나라의 경우는 전자, 후자의 경우는 동유럽 등지에서 [1]케피어(Kefir), [2]쿠미스(Kumiss), 레벤(Leben) 및 마쓴(Matzoni) 등의 제품의 제조에 이용되고 있다.

(3) 유산균 발효유의 종균

발효유의 제조에 사용되는 유산균은 *Lactobacillus*속, *Streptococcus*속, *Bifidobacterium*속과 *Lactococcus*속이 대표적인 유산균으로 액상발효유의 경우는 간균인 *Lactobacillus*속의 *L. casei*, *L. bulgaricus*, *L. acidophilus*가 단독으로 사용되는 경우가 많으며 호상이나 드링크류의 경우는 구균형태인 *Streptococcus thermophilus*, *Lactococcus thermophilus*, *Bifidobacterium lactis*등의 균이 혼합배양되어 상품화 되는 경우가 많다. 이렇듯 유산균주를 혼합배양하게 되면 배양시간의 단축과 대사산물의 생산에도 유리하

---

1) 케피어(Kefir): 젖산균과 효모가 함께 존재하는 케피어 입자(kefir grain)을 스타터로 사용해 제조한다. 살균한 우유와 케피어 입자를 넣고 하루 배양하면 커드가 형성되며, 케피어입자는 건져내어 다시 사용하고 액은 2~3일 더 발효한다.

2) 쿠미스(Kumiss): 중앙 아시아나 남부시베리아에서 주로 제조되며, 말젖을 원료로 한 발포성 발효유이다. 스타터는 젖산균인 *Lactobacillus bulgaricus*와 효모인 *Torula*이다.

(a)

(b)

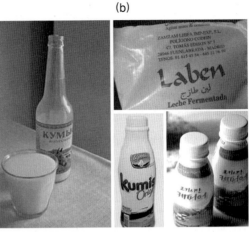

그림 4-1 다양한 발효유 제품
(a) 유산균만으로 발효한 발효유, (b) 유산균과 효모로 발효한 알코올 발효유

다. 유산균을 이용한 발효유 제조시 가장 많이 사용되는 균주로는 *L. casei*, *L. acidophilus* 및 *Bifidobacterium* 속 균종들인데 이는 다른 유산균주에 비해 생체 저항성이 강하며 장내에서 정착하여 생육이 가능하기 때문인 것으로 알려져 있다.

(4) 발효유에서의 미생물의 특징

세계적으로 400종 이상의 다양한 발효 우유가 생산되고 있으며 우유의 발효는 중온성 (mesophilic) 세균, 호열성(thermophilic) 세균, 젖산균과 효모 및 곰팡이 등에 의하여도 진행되는데 그 특성은 다음과 같다.

① 중온성

중온성(mesophilic) 균에 의한 우유의 발효는 미생물에 의해 생산된 유기산이 단백질 변성을 일으키는 방식으로 일어나며 배양균을 우유에 접종하고, 20~30℃의 온도에서 발효유를 제조한 후 저온으로 냉각시켜 균의 증식을 억제시키는 방법을 이용한 것이다. *Lactobacillus*속과 *Lactococcus lactis*가 자장 대표적인 중온성 균으로 요구르트의 향기와 산의 생산을 위해 사용한다. *Lactococcus lactis*의 아종인 diacetilactis는 우유의 구연산 (citrate)을 특별한 버터 향을 내는 diacetyl로 변화시키는 역할을 한다. 탈지우유에 중온성 미생물을 사용하면 버터 밀크가 만들어지고, 크림에 사용하면 산패유가 만들어 진다.

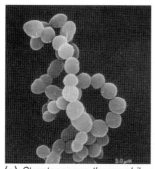
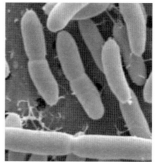

(a) *Streptococcus thermophilus*   (b) *Lactobacillus acidophilus*

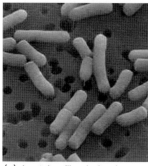
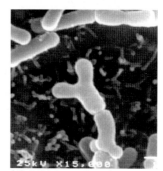

(c) *Lactobacillus bulgaricus*   (d) *Bifidobacterium* 속

그림 4-2 발효유 제조에 사용되는 유산균 류
(출처: http://www.ecvw.com)

② 호열성

호열성(thermophilic) 발효로는 약 45℃에서 발효하는 요구르트를 들 수 있다. 요구르트 (yogurt)는 초기배양균으로 주로 *Streptococcus thermophilus*와 *Lactobacillus bulgaricus* 를 1:1로 사용한다. 이 두 미생물이 조화를 이루어 증식하면 *Streptococcus*가 산을 만들고, 젖산간균(*Lactobacillus*)이 향기성분을 만든다. 신선한 요구르트는 1g당 10^9의 세균수를 함유한다.

③ 치료성(therapeutic)

발효 우유를 장기간 섭취하면 체내 여러 질병에 대한 치료효과를 얻을 수 있다고 한다. 호산성(acidophilus)의 요구르트는 *Lactobacillus acidophilus*에 의한 발효에 의해 만들어지며, 장기간 섭취시에는 대장의 미생물균총(microbial flora)을 변화시켜 장내에 항미생물적인 특징을 갖는 물질을 형성하는데 기여하게 된다. 발효 우유 중 미생물의 정확한 특성과 건강의 유익한 정도는 아직 불확실하지만 유당불내성(Lactose intolerance)을 감소시키고, 혈청 내 콜레스테롤 농도를 낮추며, 항암 효과도 있는 것으로 보고되고 있다. 유당불내증 환자가 발효유 제품을 섭취하게 되면 설사를 하지 않는 이유가 유당불내성을 감소시키기 때문이다. 특히 *Lactobacillus acidophilus*는 세포벽에 항암 물질을 함유하고 있어 이를 섭취 시 대장암을 억제하는 데 효과가 있는 것으로 보고된 바 있다.

우유의 발효에 사용되는 흥미로운 그룹은 그람 음성, 간균, 비포자의 비운동성, 혐기성 균인 *Bifidobacteria* 균으로 유당과 다른 당류를 아세트산과 젖산으로 변환시킨다. *Bifidobacteria* 균은 1906년에 발견되었으며 사람의 장내에 상주하는 대표적인 세균으로 항종양 활성을 보이고 혈청 콜레스테롤 수준을 낮출 뿐만 아니라 어린이들에게서 설사를 일으키는 로타바이러스의 배출을 촉진하거나 억제한다는 증거도 있다.

④ 유당 발효성 효모

유당 발효성 효모(Lactose-fermenting yeast)와 유산균을 이용한 대표적인 발효식품으로 코카서스(Caucasus) 지방과 동쪽의 몽골지역에서 생산되고 있는 케피어(kefir)가 있다. 유당을 발효하여 알코올과 탄산가스 등을 생산하는 효모와 유산균으로 인하여 알코올 성분 약 1%와 젖산함량이 0.6~0.9%인 거품이 생기는 알코올성 발효유를 만들 수 있다. 발효의 초기에는 젖산균에 의한 젖산 발효가 일어나며 이어서 유당 발효성 효모에 의한 알코올 발효가 일어난다. 생긴 모양 때문에 티벳버섯이라 많이 알려진 케피어는 효모, 젖산균 및 아세트산균 등이 단백질(주로 카제인), 탄수화물, 지방과 함께 덩어리로 엉킨 형태를 말하며, 이러한 케피어 '알갱이'를 우유나 양 또는 염소유에 접종하여 발효를 하고 사용된 케피어는 걸러내어 재사용한다.

케피어와 비슷한 쿠미스(Kumiss)는 말젖을 원료로 사용하기 때문에 마유주라고도 불리운다. 쿠미스는 케피어 그레인과 같이 알갱이는 없으나 역시 유당 발효성 효모와 젖산균의 발효에 의해 생산되는 알코올성 발효유이다.

⑤ 젖산성 곰팡이

젖산성 곰팡이(mold-lactic) 발효는 빌리(viili)가 대표적인 발효제품으로 우유를 컵에 담

그림 4-3 케피어 그레인(Kefir grain)

고 *Geotrichium candidum* 곰팡이와 젖산균을 혼합배양하면 표면에 크림층이 형성되게 되는데 이를 18~20℃에서 24시간 동안 배양하여 젖산의 농도가 0.9%에 이르도록 만든 제품이다. 곰팡이는 최종산물의 맨 위에 벨벳 층을 형성하며 바닥에 과일 층을 깔아 향을 추가할 수도 있다.

2) 치즈

인간이 만든 가공식품 중 가장 역사가 깊은 가공식품 중 하나인 치즈는 세계적으로 원료, 저온살균 여부, 유지방의 함유, 사용된 발효균의 종류와 숙성 과정 등에 따라 서로 다른 형태, 조직 및 맛을 갖는 수천 가지 종류가 있다.

치즈의 일반적인 제조법은 우유를 응유효소를 이용하여 응고시킨 뒤 응고물을 숙성발효시킨 유제품으로 "흰 고기"로도 불린다. 치즈는 잘 상하지 않는 특징과 함께 영양학적으로는 지방, 단백질, 칼슘, 인 등을 많이 함유하고 있으며 숙성과정을 거친 제품의 경우 다른 단백질에 비해 소화흡수가 용이하다. 치즈의 분류는 숙성의 유무(생치즈, 발효치즈), 질감(경질 치즈와 연질 치즈), 재료 및 숙성에 관여하는 미생물에 따라 분류한다.

치즈는 젖산균에 의해 젖산 발효로 젖산이 생성되어 pH가 떨어지면 우유의 단백질인 카제인이 응고되면서 응고물(커드, curd)를 만들게 된다. pH의 저하에 의한 응고물 생성과는 달리 응고물을 만들기 위해 소의 위(stomach)에 있는 레닌(renin)이라는 응유 효소를 첨가하여 응고물을 만들기도 한다. 치즈의 대량생산을 위해서는 미생물에서 유전공학적으로 레닌을 제조, 치즈 생산에 이용하고 있다. pH를 변화시키거나 응유효소를 이용하여 응고물을 만든 후 열을 가하면 응고물 형성이 촉진되며 우유 속의 수분이 분리되게 되는데 이를 유청(whey)이라 한다. 이를 직접 이용하거나 소금을 넣고 미생물을 접종하여 숙성시키면 치즈가 된다. 치즈의 제조과정 중에는 치즈의 조직내에 구멍이 생기기도 하는데 이를 치즈아이(cheese eye)라 하며 프로피온산균(Propionibacterium)에 의한 프로피온산 발효가 그 원인이다. 프로피온균은 성장을 위해서 lactate를 필요로 하며 다량의 CO_2 가스를 생성하게 되는데 이것이 치즈의 조직 내에 남아 구멍을 형성하게 되는 것이다.

     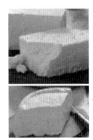

| (a) 체더 치즈 | (b) 고다(좌)와 스위스 치즈(우) | (c) 에멘탈 치즈 | (d) 고르곤졸라 치즈 | (e) 까망베르와 브리 치즈 | (f) 페타(위)와 리코타 치즈(아래) |

그림 4-4 다양한 치즈의 종류
(출처: http://www.coles.com.au)

표 4-3 치즈의 분류

분류	치즈명
경질(hard cheese)	체더(cheddar), 콜비(colby), 스위스(swiss), 파르마(parmesan)
반경질(semi-soft cheese)	문스터(muenster), 림버거(limburger), 블루(blue)
연질(soft cheese)	코티지(cottage), 페타(Feta), 리코타(Ricotta), 크림(cream), 브리(brie)

표 4-4 치즈 생산에 이용되는 미생물

치즈(생산지)	기여 미생물	
	생산의 초기	생산의 후기
부드럽고 숙성되지 않음 Cottage Cream Mozzarella(italy)	*Lactococcus lactis* *L. cremoris, L. diacelylactis,* *S. thermophilus, L. bulgaricus*	*Leuconostoc cremoris*
부드럽고 숙성됨 Brie(France) Camembert(France)	*Lactococcus lactis, L. cremoris* *L. lactis, L. cremoris*	*Penicilium camemberti,* *P. candidum,* *Brevibaclerium linens* *Penicilium camemberti,* *Brevibacterium linens* *Penicilium roqueforti* *Brevibacterium linens* *Brevibacterium linens*
단단하고 숙성됨 Chedder Colby(Britain) Swiss(Swizerland)	*Lactococcus lactis, L. cremoris* *L. lactis, L. helveticus, S.* *thermophilus*	*Lactobacillus casei,* *L. plantarum* *Propionibacterium shermanii,* *P. freudenreichi*
매우 단단하고 숙성됨 Parmesan(italy)	*Lactococcus lactis, L. cremoris* *S. thermophilus*	*Lactobacillus bulgaricus*

3) 알코올 발효

식품에서 대표적인 알코올 발효는 포도주, 맥주, 주정, 와인, 막걸리 등이 대표적인 알코올 발효 제품으로 곡류와 과일 등 탄수화물을 포함하는 식품 원료를 이용하여 미생물을 배양하여 생산하게 된다. 미생물은 에너지원으로 이용하기 쉬운 단당류 형태의 탄소원을 먼저 소모하기 때문에 식품 내에 단당류 함량이 높으면 발효가 바로 시작된다. 예를 들면, 포도를 분쇄하여 주스나 포도액(must)을 만들면 다른 처리 없이도 발효가 시작되는데, 포도 과육에는 발효에 필요한 포도당이 풍부하며 과피에는 발효 효모가 모두 존재하기 때문이다.

반면 곡물이나 전분성 물질로 구성된 탄수화물원의 경우는 알코올 발효를 위하여 전분을 단당류로 분해하는 가수 분해 과정을 거쳐야 한다. 맥주의 경우 분해 효소를 포함한 맥아를 물과 혼합하고 담금(mashing) 과정을 거쳐야 한다. 담금 과정을 통해 발효 가능한 단당류와 기타 단순한 분자만을 함유한 맥아즙(wort)만 남게 되며 당을 원료로 미생물이 알코올을 생산하게 된다. 이 같은 전분 및 다당류의 가수 분해 과정은 알코올 발효 제품의 품질을 결정하는 매우 중요한 요소로 작용한다. 실제로도 맥주의 맛과 향은 맥아 중 단백질과 탄수화물의 가수 분해를 어떻게 조절하는지에 따라 크게 달라진다.

(1) 포도주

포도주(wine)는 과육만을 이용하거나 껍질을 포함하여 제조하기도 한다. 적색의 포도를 통째로 이용하여 제조하는 포도주는 포도 껍질에 포함되어 있는 안토시아닌계 색소 물질뿐만 아니라 주석산(tartaric acid)과 말산(malic acid)이 다량 포함되어 있어 적색 또는 자색의 색상을 띠게 된다. 포도를 분쇄하여 주스나 포도액(must)을 만들면 다른 처리 없이도 발효가 시작한다. 이는 포도 중에 발효에 필요한 포도당과 발효 효모가 모두 존재하기 때문에 포도를 분쇄하여 만든 주스나 포도액(must)을 별다른 처리 없이 방치만 하더라도 발효가 진행되게 된다. 포도 껍질에는 야생효모가 부착되어 있으며 발효 과정에서 야생 효모가 작용하며 야생 효모의 특성이 제품 맛이나 향미에 영향을 미치게 된다. 자연계에 널리 존재하는 야생 효모의 경우 그 종류가 매우 다양하며 그 특성을 파악하는 것이 어렵다. 따라서 원하는 품질의 야생의 효모를 이용하여 포도주를 생산하는 경우 그 품질을 일정하게 유지하기가 어렵다. 이러한 문제를 해결하기 위한 방법 중 하나가 아황산 훈증처리(fumigation)다. 이는 포도주의 부착 야생 효모를 포함하는 포도 부착 미생물을 살균하는 공정을 거치는 포도주 생산방식이다. 훈증처리한 포도를 마쇄한 다음 맥주 효모균(*Saccharomyces cerevisiae*) 또는 *S. ellipsoideus* 등의 품질 특성이 알려진 효모 순수 배양액을 접종하면 일정한 품질의 포도주를 생산할 수 있게 되는 원리다.

포도주 생산의 일반적인 조건은 상온에서 3~5일간 배양하게 되면 알코올을 생산할 수 있다. 포도주는 접종한 효모균의 특성에 따라 그 품질이 좌우되며 대게 10~18%의 알코올을 생산하게 된다. 발효과정 중에 생성되는 이취(off-flavor)의 제거와 향기의 생성은

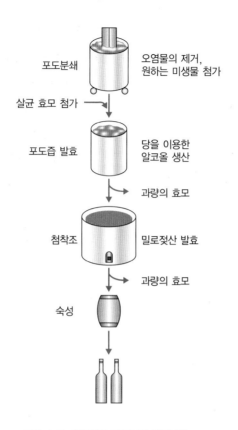

포도분쇄   오염물의 제거,
              원하는 미생물 첨가

살균 효모 첨가 →

포도즙 발효   당을 이용한
              알코올 생산

과량의 효모

첨착조   밀로젖산 발효

과량의 효모

숙성

그림 4-5 일반적인 포도주의 생산과정

발효 후 숙성과정에서 일어나며 발효 과정 중에는 말산(malic acid)이 젖산(lactic acid)로 변화하는 과정이 일어나게 되는데 이를 malolactic fermentation이라 한다. 만약 발효하는 과정에서 포도에 함유되어 있는 산의 농도가 감소하지 않게 되면 포도주의 산도가 높게 형성되면서 포도주의 안정성과 향미가 저하된다. 포도주 발효 과정에서 산의 생성은 주로 *Leuconostoc oenos*, *L. plantarum*, *L. hilgardii*, *L. brevis* 그리고 *L. casei* 등에 의해 일어나며 이 과정에서 말산은 젖산과 이산화탄소로 전환되며, 그 결과 향미와 안정성이 증가하고 pH가 상승하고 어떤 경우에는 유산균의 생육에 의하여 천연의 항균성 단백질인 박테리오신(bacteriocin)이 포도주 내에 축적되기도 한다.

발효 후 포도주는 대게 잉여의 당이 존재하지 않는 드라이(dry)와인 또는 다양한 종류의 잉여 당이 존재하는 스위트 와인으로 구분되며 이는 초기 포도액의 당 농도에 의해 영향을 받는다. 발효 초기에 많은 양의 당이 존재하면 알코올이 축적되어 당이 완전히 사용되기 전에 발효가 억제되므로 달콤한 포도주가 생성되어 스위트한 성질을 갖게 된다.

발효 과정 중 증식된 미생물과 침전물을 제거하는 과정을 래킹(racking)이라 한다. 래킹은 발효 중인 포도주를 병이나 숙성을 위한 포도주 통에 옮기기 전이나 포도주를 병에 넣기 전에도 할 수 있는데 이 과정에서 맑은 형태의 포도주를 얻을 수 있게 된다. 포도주를 증류하게 되면 탄 포도주(burn wine) 또는 브랜디(brandy)를 얻을 수 있다. 포도주에 아세트산균(*Acetobacter*), 글루콘산균(*Gluconobacter*)과 같은 초산균을 접종하여 배양하게 되면 이들 균이 가진 알코올을 아세트산으로 산화시키는 작용으로 인하여 발사믹 식초(balsamic vinegar)와 같은 포도주 식초(wine vinegar)를 얻을 수 있다. 포도주의 알코올발효 제품인 샴페인은 거품을 가지는 포도주로 병 속에서 발효를 계속하면 만들 수 있다.

(2) 맥주

우리나라에서의 맥주는 "맥아 또는 맥아와 전분질 원료, 홉 등을 주원료로 하여 발효시켜 여과 제성한 것"으로 정의하고 있다. 맥주의 생산에는 주로 보리가 이용되며 발효의 진행을 위해 곡물 속에 들어 있는 고분자 탄수화물과 단백질을 효모가 이용하기에 좀더 용이한 저분자 탄수화물과 아미노산의 혼합물로 변환시키는 과정이 선행되어야 한다. 이 같은 과정은 보리를 발아시켜 만든 엿기름인 맥아(malt) 속의 효소들에 의하여 이루어진다. 맥아를 물과 다른 곡류와 혼합하여 맥아즙 통(mash tun)이나 양조통(cask)에 넣으면 곡류의 고분자 탄수화물인 전분이 저분자화된다. 이 과정을 마친 다음 홉(hop)을 첨가하여 가열하면 맥아즙 속의 미생물은 살균, 효소는 불활성화된다. 홉의 학명은 *Humulus lupulis*로 포도나무의 암나무 꽃을 말린 것으로 맥주의 풍미를 좋게 하고 맥주 청징(clarification)을 돕는다. 그런 다음 맥주 발효에 사용하는 효모를 접종한다. 맥주는 그 발효 양식에 따라서는 상면과 하면 발효 맥주로 구분하는데 그 특징은 아래와 같다.

맥주의 향기와 맛은 글리세롤과 아세트산에 의해 영향을 받는다. 맥주 효모를 발효시키기 위해서는 pH 4.1~4.2 정도를 유지하며 7~12일 동안의 발효 기간이 필요하다. 신선

표 4-5 발효 양식에 따른 분류

종류	미생물	특징
하면발효 맥주	*Saccharomyces calsbergensis*	– 저온발효 – 숙성 기간이 길고 부드러움 – 알코올 함량이 낮음 – 전세계적으로 맥주의 대부분 – 대표적 맥주: 뮌헨(Munchen), 필젠(Pilsen), 빈(Wien)
상면발효 맥주	*Saccharomyces cerevisiae*	– 상온 발효 – 숙성기간이 짧음, 향미가 풍부, 쓴맛 – 짙은 색, 알코올 함량이 상대적으로 높음 – 대표적 맥주: 에일(Ale), 스타우트(Stout), 포터(Porter), 램빅(Lambic)

하게 발효된 맥주는 살균하지 않은 생맥주, 숙성하거나 살균처리한 저장맥주(lager) 등으로 만들 수 있다. 국내의 경우 저장 맥주를 병에 담을 때 보통 CO_2를 첨가하여 탄산이 생성되도록 하며, 맥주는 60℃ 정도의 온도에서 저온가열 살균하거나 향기의 변화를 줄이기 위해 한외막 필터를 이용한 냉살균 방법으로 살균한다.

(3) 주정

주정(distilled spirit)은 곡물을 발효시킨 다음 이의 증류를 통해 농축한 에탄올(ethanol)을 말하는 것으로 발효주에 비해 알코올 함량이 상당히 높다는 특징이 있다. 주정은 또한 여러 가지 주류의 원료로 사용되고 있기 때문에 제조나 사용, 판매에 상당히 엄격한 통제를 받는다. 주정은 제조 방법, 사용원료, 알코올 함량에 따라 구분되며 이중 합성주정은 식품 등에는 사용할 수 없다. 주정은 그 특성상 증류주의 범주에 해당되며, 호밀을 발효시킨 버번(bourbon) 위스키, 맥아로 만든 스코틀랜드(Scotch) 위스키, 곱향나무 열매를 첨가하여 만든 진(gin), 보드카(vodka) 등도 대표적인 증류주이다.

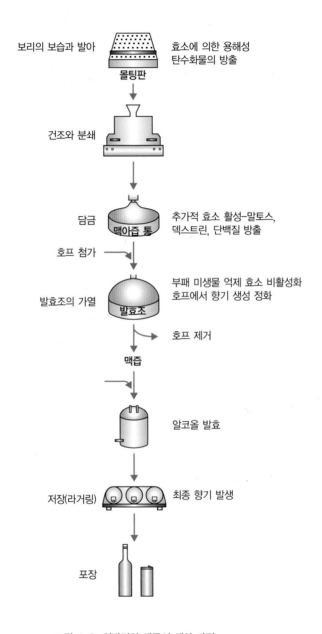

보리의 보습과 발아 · · · 효소에 의한 용해성
탄수화물의 방출

몰팅판

건조와 분쇄

담금 · · · 추가적 효소 활성-말토스,
덱스트린, 단백질 방출

맥아즙 통

호프 첨가

발효조의 가열 · · · 부패 미생물 억제 효소 비활성화
호프에서 향기 생성 정화

발효조

호프 제거

맥즙

알코올 발효

저장(라거링) · · · 최종 향기 발생

포장

그림 4-6　일반적인 맥주의 생산 과정

4) 제빵

빵의 기원은 정확하게 밝혀지지 않았지만, 고대 이집트 벽화에 빵을 부풀게 하는 효모를

표 4-6 주정의 종류

종류	특성
합성주정	아세틸렌과 물을 이용하여 합성 공업용으로 사용
발효주정	전분이나 당분이 함유된 알코올이 함유된 물 알코올 함량을 95% 이상으로 증류 정제한 것
정제주정	알코올 함량을 95% 이상으로 재증류 정제한 것
곡물주정	곡류의 전분이나 당분이 함유된 물로 발효 알코올 함량을 85% 이상으로 증류 정제한 것 곡물 고유의 향과 맛을 완전히 제거되지 않음
무수주정	알코올 함량을 99.5% 이상으로 재증류 정제한 것

사용하는 것이 섬세하게 묘사되어 있는 것으로 미루어 발효빵의 시초일 것이라고 예상할 수 있다. 빵을 만드는 효모는 호기성 조건에서 잘 증식하여 그 결과로 CO_2 생성이 증가되고 알코올 생성은 최소화된다. CO_2는 빵을 부드럽게 하고, 미량의 생성되는 발효물질은 향기에 영향을 준다. 보통 빵을 굽기 위해 2시간 내에 빵이 부풀 수 있는 효모의 양을 첨가하는데, 부푸는 시간이 길어지면 오염된 세균이나 곰팡이의 증식이 일어날 수 있어서 원하지 않는 제품이 나올 수 있기 때문이다. 빵반죽에 점성의 물질을 생성하는 간균이 오염되었을 경우, 반죽을 구우면 기호도가 떨어지는 끈적끈적한 빵이 만들어지기도 한다.

발효빵 중 사우어 브래드(sour bread)는 효모와 박테리아를 발효에 이용한다. 사우어 빵반죽(sour-dough)에 효모인 *Saccharomyces exiguus*와 젖산 간균을 함께 반죽한 뒤 발효과정을 거치면 독특한 산성의 향기와 맛을 내는 빵이 만들어진다.

5) 침채류

침채류는 주 원료인 채소에 식염만을 가하거나 여러 장류, 술지게미, 쌀겨 등을 혼합하여 담근 것으로 조리와 저장을 겸한 일종의 절임 식품이다. 부식으로서 침채류는 염분의 공급원이며 식욕을 촉진하고, 숙성 과정에서 증식하는 다양한 균과 효소에 의해 정장 작용 및 소화에 도움을 준다. 우리나라의 대표적인 침채류로는 김치가 있으며 서양에서는 피클(pickles), 사워크라우트(sauerkraut) 등이 대표적이다.

(1) 김치

김치는 절인 배추와 무를 주 원료로 고추, 마늘, 생강, 젓갈 등의 다양한 양념을 첨가하여 저온에서 젖산 생성에 의해 숙성되는 발효 식품이다. 지방에서는 대개 지(漬)라 하고, 제사 때는 침채(沈菜)라 하며, 궁중에서는 젓국지, 짠지, 싱건지 등으로 불리었다. 김치를 담그는 것은 채소를 오래 저장하는 수단일 뿐 아니라 젖산균에 의해 생성되는 각종 유기산은 감칠맛과 기분 좋은 신맛으로 입맛을 자극하며, 숙성 중 증식한 젖산균은 정장작용이 있어 부식으로써의 가치가 높다. 2001년 7월 식품 분야의 국제표준인 국제식품규격위원회(Codex)에서 김치가 일본의 기무치를 제치고 국제식품 규격으로 승인받은 바 있다.

김치의 발효에 관여하는 미생물은 약 30여 종의 매우 다양한 젖산균이 보고되어 있는데, 김치의 숙성 정도, 온도, pH 등에 따라 생육하는 균의 종류가 다르다. 김치의 발효 초기에 많이 번식하는 젖산균은 *Leuconostoc mesenteroides*로, 이 젖산균이 생성하는 젖산과 탄산가스가 김치를 산성화하고 혐기 상태로 만듦으로써 호기성균의 생육을 억제하는 중요한 역할을 한다. *Leuconostoc mesenteroides*는 김치가 맛있다고 느껴지는 적숙기까지의 발효를 주도한다. *Leuconostoc* 속의 뒤를 이어, 발효 후기에는 *Lactobacillus plantarum* 등의 *Lactobacillus* 속이 우점한다. *Lactobacillus* 속 젖산균은 김치가 많이 발효되어 신맛이 날 때 주로 생장하는 균으로 내산성성과 내담즙성이 강한 그람 양성의 간균이다. 유럽에서는 [3]프로바이오틱스(probiotic)를 균주로 요구르트에 첨가하기도 한다. *Streptococcus* 속과 *Pediococcus* 속도 김치 발효 초기에 약간 증식하지만 발효의 중요한 젖산균이 되지 못한다. 김치의 발효에서 우세한 젖산균은 *Leuconostoc* 속과 *Lactobacillus* 속이며, 발효온도가 낮을수록 상대적으로 *Lactobacillus* 속의 증식이 왕성하고 식염의 농도가 높을수록 상대적으로 *Lactobacillus* 와 *Pediococcus*의 증식에 유리하다.

---

3) 프로바이오틱스(Probiotics): 적정량 섭취 시 장내 유해균을 억제하여 장의 항상성 유지에 도움을 주는 등 인체의 유용한 작용을 하는 균을 말한다. 현재까지 알려진 대부분의 프로바이오틱스는 젖산균인 *Lactobacillus* 속이며 일부 *Bacillus* 속 포함하는 것으로 식품으로서 다양한 효능을 비롯한 장과 관련된 연구들이 진행되고 있다.

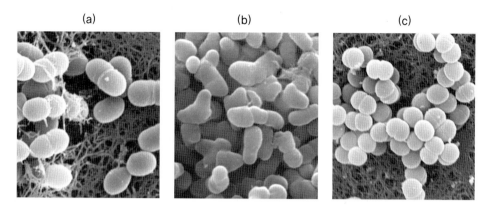

그림 4-7 김치유산균
(a) *Leuconostoc citreum* KCTC 3526, (b) *Weissella koreensis* KCTC 3621 family
of *Leuconostocaceae*, (c) *Pediococcus pentosaceus* KCTC 3507

(2) 피클

피클류는 구미(유럽과 아메리카)에서 널리 애용되는 채소 발효 식품으로 채소나 과일에 소금, 식초, 향신료 등을 가하여 절인 것을 총칭한다. 주로 오이, 양파, 피망, 미숙 토마토, 컬리플라워, 당근, 올리브, 버섯 등이 재료로 이용되나 오이를 원료로 한 피클이 가장 대표적이다.

오이 피클의 담금 초기에는 호기성 세균 (*Psedomonase, Flavobacterium, Alcaligenes, Bacillus, Enterobacter* 등)이 잘 증식할 수 있지만, 오이를 절이는 식염성분으로 호기성 오염 세균의 증식은 억제할 수 있다. 다음으로는 *Leuconostoc mesenteroides*가 증식하여 탄산가스를 생성하여 혐기 조건을 만들므로 젖산균들이 번식하게 된다. *Leuco. Mesenteoides* 외에도 *Enterococcus faecalis, Pediococcus damnosus, Lactobacillus brevis* 및 *Lac. Plantarum* 등의 젖산균이 증식한다.

젖산균의 증식으로 3.1~3.2의 낮은 pH가 되면 젖산균의 증식은 억제되고 효모가 증식한다. 효모는 피클 액 중의 당분을 이용하여 표면에 피막을 형성하는데, 초기의 소금 농도가 너무 높아서 젖산균이 당을 산으로 충분히 전환하지 못할 경우에는 효모에 의한 피막형성 문제가 더욱 심각하게 나타난다. 산막 효모가 왕성하게 자라면 곰팡이와 부패 세균들의 증식이 유리해져서 피클의 냄새가 나빠지고 비위생적인 부패가 발생한다. 피막을 형성하는 산막 효모에는 *Hasenula, Pichia, Candida* 속과 일부 *Saccharomyces* 속이 있다. 산막효모는 탱크의 식염수 표면에 피막을 만들어서 왕성하게 증식하지만 직사광선을 쬐어주면 효과적으로 억제된다.

(3) 사워크라우트

사워크라우트(sauerkraut)라는 말 자체가 독일어로 '신맛이 나는 양배추'를 뜻하는, 양배추를 발효시킨 식품이다. 사워크라우트는 보통 백색의 양배추를 잘게 썰어 2~3%의 식염하에서 젖산 발효를 통하여 특유의 산미와 향을 갖도록 제조한다.

발효 과정에는 *Leuconostoc mesenteroides* 등이 관여하며 발효가 진행되어 산도가 1.0% 정도로 증가되면 *Leuconostoc mesenteroides*의 증식은 중지되고 *Lactobacillus* 속과 *Lac. plantarum*이 발효에 관여한다.

6) 장류

장류는 한국음식의 기본 조미료이자 부식으로 사용되는 된장, 고추장, 간장 등을 총칭하는 발효 식품을 뜻한다. 주로 콩을 발효시켜 만들기 때문에 단백질이 풍부하며, 감칠맛을 내는 글루타민산이나 무기질이 많아 영양적으로 우수한 식품이다.

그림 4-8 (a) 다양한 채소의 피클, (b) 사우어크라우트
(출처: http://www.google.co.kr/)

증자한 대두를 성형하여 메주를 만들고, 미생물을 번식시킨 메주를 식염수에 담가 2~3개월 동안 발효시키면 액체 부분과 고체 부분으로 분리가 되는데, 액체 부분은 끓인 후 침전물을 제거하여 간장을 만들고, 고체 부분은 더 발효하여 된장을 만든다. 장류는 지역 또는 가정별로 전해지는 제조 방법과 재료가 다르다. 그러나 현대에는 각 가정에서 장을 담그는 것이 어려우므로 식품업체의 공장에서 제조된 제품이 주로 유통된다.

(1) 간장

과거부터 간장은 음식 조리 시 사용 빈도가 높은 조미료였으며, 최근 간장 제품은 재래식 간장, 개량식 간장 및 아미노산 간장, 향미 간장 등 다양하게 제조되고 있다.

식품공전상 간장의 종류는 한식간장(재래식, 개량식), 양조 간장, 혼합 간장, 산분해 간장, 효소 분해 간장으로 나뉘지만, 통념상 양조 간장인 재래식 간장, 개량식 간장과 혼합 간장으로 분류한다.

재래식 간장은 콩만을 원료로 사용하고, 개량식 간장은 콩 또는 탈지대두와 곡류를 사용하여 제조한다. 산분해 간장은 콩이 아니더라도 단백질 또는 탄수화물을 함유한 원료를 재료로 사용할 수 있으며, 혼합 간장은 산분해 간장과 양조 간장을 혼합한 제품이다.

그림 4-9 (a) 재래식 장류 발효, (b) 조미료로 사용되는 간장, 된장 및 고추장

따라서 화학 간장이라고도 불리는 아미노산 간장, 특히 산분해 간장은 엄밀하게 분류하자면 발효식품으로 분류하기 어렵다.

(2) 된장

된장은 한국의 전통 식생활에서부터 현대까지 고추장, 간장과 함께 조미료로서 광범위하게 사용되고 있다. 재래식 된장은 단맛과 감칠맛 등이 개량식 된장에 비하여 다소 떨어지는 편이지만 저장성이 좋고, 고유의 깊은 풍미를 지니고 있으며 우수한 조미 능력이 있다.

개량식 된장은 콩과 함께 쌀, 보리나 밀과 같은 곡류로 된장 국(koji)을 만들어 발효, 숙성시키지만 전통 된장은 메주와 식염수를 혼합하여 가공시킨다는 점에서 구별된다. 된장의 숙성은 곰팡이, 효모, 그리고 세균 등의 상호 작용으로 비교적 느리게 일어난다. 된장의 감칠맛은 아미노산과 물의 작용으로 인한 펩타이드 결합에 의해 발생되는 것으로 무수한 펩타이드 결합의 형성으로 된장의 감칠맛을 부여하게 되는 것이다.

(3) 고추장

고추장은 콩과 전분질에 고춧가루를 혼합해 발효시킨 전통 발효 식품이다. 전분질의 가수분해로 생긴 단맛과 고추의 매운맛, 그리고 단백질 분해로 생긴 아미노산의 감칠맛과 식염의 짠맛 및 고춧가루의 색 등이 어우러져 고추장의 품질을 결정한다.

재래식 고추장은 각 지역이나 가정마다 사용하는 원료와 혼합 비율이 다른 경우가 많

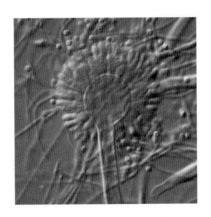

그림 4-10 *Aspergillus* 속

아 풍미가 매우 다양하다. 자극성이 강하고 저장성이 좋으나 감칠맛이 적어 현대인들에게 기호성이 떨어지는 편이지만, 육개장 등의 음식 조리에는 개량식 고추장보다 더 조화가 잘 되는 편이다.

개량식 고추장은 전분질 원료의 분해에 엿기름 대신 황국균(*Aspergillus oryzae*)의 koji를 사용하는 것이 특징이다. 재래식 고추장에 비해 단맛과 구수한 맛은 더 있으나 식염 함량이 낮아 변질 우려가 있기 때문에 보존료를 첨가하는 경우가 많다.

(4) 청국장

청국장은 콩 발효 식품류 중 가장 짧은 시일(2~3일)에 완성할 수 있으면서도 풍미가 특이하다. 청국장은 영양적으로나 건강적으로 가장 효과적으로 콩을 먹는 방법으로 인정되고 있는 전통 발효 식품으로 일본에도 청국장과 유사한 낫토(natto)라는 발효 식품이 있는데 발효와 제조과정 면에서 차이가 있다.

청국장은 삶은 콩에 볏짚을 넣어 자연 발효 시키므로 볏짚의 *Bacillus subtilis*(고초균) 뿐 아니라 공기 중의 여러 바실러스 균의 영향을 받는다. 따라서 다양한 균에 의한 정장작용과 면역능력을 키워주기도 하며, 특유의 자극적이고 복합적인 맛과 향을 갖게 되는 것이다. 바실러스 외에 여러 가지 균이 복합적으로 작용하여 발효에 관여하므로 청국장은 생으로 먹기보다는 살짝 끓여 먹는데, 생으로 섭취하는 낫토와 섭취 방법 면에서 차이를 보인다.

낫토를 제조할 때 사용하는 낫토균은 *Bacillus natto* 한 종류뿐이며, 삶은 콩에 낫토균만을 인위적으로 접종하여 발효하면서 다른 바실러스 균의 침투를 막기 때문에 청국장보다 자극적인 향과 맛이 없으며 생식이 가능하다.

청국장은 맛과 냄새가 자극적이기는 하나 고단백질 식품으로 점성과 부드러운 촉감 외에도 함유되어 있는 여러 가지 종류의 효소(trypsin, pepsin, amylase, invertase, catalase, protease 등)에 의해 소화성이 좋고, 또 비타민 B군이 많이 함유되어 있으며, 주 발효균인 *B. subtilis*는 정장 효과와 영양 성분의 흡수 촉진 작용 및 혈중 콜레스테롤을 감소시키는 작용 등을 가지므로 청국장은 건강 식품으로 주목되고 있다.

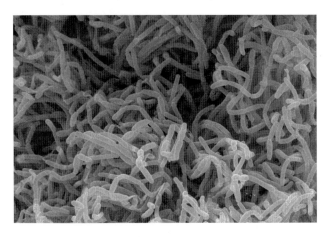

그림 4-11 *Bacillus subtilis* KCTC 1021

7) 어류 및 육류

다양한 육류와 어류 등이 미생물에 의한 발효되어 식품으로 사용된다. 대표적 육류 발효 식품으로 발효소시지를 꼽을 수 있는데, 발효햄, 살라미(Salami), 서벌랫(cervelat), 레바논 볼로냐(Lebanon bologna) 등이 있다. 발효 소시지는 주로 *Pediococcus cerevisiae*와 *Lactobacillus plantarum*의 균주를 이용하여 발효한다.

발효기술을 이용한 어류 식품에는, 호염성 간균을 이용하여 발효한 어류 소스, 이주시 (izushi), 가쓰오부시(Katsuobushi) 등이 있다. 이주시는 신선한 물고기, 쌀, 채소를 *Lactobacillus* 류로 발효시킨 것이고, 가쓰오부시는 참치를 *Aspergillus glaucus*로 발효시킨 식품이다.

8) 기타 발효 식품

미생물을 발효시켜 생산된 식품들 중 식물성 원료를 사용한 대표적인 식품들 중 하나가 두부를 발효한 수푸(sufu)이다. 수푸를 만드는 과정은, 두부 덩어리를 작은 조각으로 자르고 소금과 구연산(citrate)을 녹인 용액에 담근 후 덩어리를 가열하여 표면을 저온살균한 후 *Actinimucor elegans*와 다른 *Mucor* 속 미생물을 접종한다. 이후 흰 균사가 형성되면 펫체(pehtze)라 부르는 덩어리를 소금을 첨가한 쌀포도주(rice wine)에 넣고 숙성시켜 제조한다.

콩 메쉬를 *Rhizopus* 속 곰팡이로 발효시킨 템페(tempeh)도 콩을 발효해 생산하는 식품이며 발효 침채류인 사워크라우트(sauerkraut)는 잘게 저민 양배추를 사용하여 만든다. 이 과정에서 주로 양배추에 있는 미생물들을 이용하는데 2.2~2.8%에 달하는 염 농도는 젖산균의 발달을 촉진하고 다른 그람음성균의 성장은 억제한다. 발효에 관계하는 주

표 4-7 과일, 야채, 콩, 기타 재료로 생산되는 발효 식품

식 품	재 료	발효 미생물	지 역
커 피	커피원두	*Erwinia dissolvens, Saccharomyces* spp.	브라질, 콩고, 하와이, 인디아,
가 리	카시바	*Corynebacterium manihot, Geotrichum* spp.	서부 아프리카
캔 키	옥수수	*Aspergillus* spp., *Penicillium* spp. *Lactobacilli*, yeast	가나, 나이지리아
김 치	배추와 다른 야채	Lactic acid forming bacteria	대한민국
된 장	콩	*Aspergillus oryzae, Zygosaccharomyces rouxii*	대한민국, 일본
오 기	옥수수	*Lactobacillus plantarum, Lactococcus lactis,*	나이지리아
올리브	초록 올리브	*Zygosaccharomyces rouxii*	전 세계
온 첨	땅콩가루	*Leuconostoc mesenteroides, Lactobacillus plantarum*	인도네시아
퓨 점	카시바	*Neurospora sitophila*	인도네시아
피 클	오 이	Molds	전 세계
포 이	타로 뿌리	*Pediococcus cereviaiae, L. plantarum*	하와이
사워크라프트	양배추	*Lactic acid bacteria*	전 세계
간 장	콩	*Aspergillus oryzae* 또는 *A. soyae, Z. rouxii, Lactobacillus delbrueckii*	대한민국, 일본
소 부	콩	*Mucor* spp.	중국
타오시	콩	*A. oryzae*	필리핀
템 페	콩	*Rhizopus oligosporus, R. oryzae*	인도네시아, 유기니아, 수리남

된 미생물은 *Leuconostoc mesenteroides*와 *Lactobacillus brevis*이며, 최종 산도는 1.6~1.8% 정도에 전체 산도 중 1.0~1.3%가 젖산이다.

피클은 오이와 딜(dill)씨앗을 소금물이 가득찬 통 속에 담가서 만든다. 식염을 첨가하면 원치 않는 잡균의 성장을 억제할 뿐만 아니라 물에 용해되는 성분들을 추출할 수 있다. 용해성 탄수화물은 젖산으로 전환되며, 발효에는 10~12일이 걸리고, *Leuconostoc mesenteroides, L. plantarum*이 주요 발효균이다.

풀, 잘게 썬 옥수수, 다른 신선한 동물 사료 등을 습한 혐기성 조건에서 보관하면 젖산 타입의 혼합성 발효가 일어나 좋은 냄새가 나는 저장목초(silage)가 생성되며, 이들의 저장에는 도랑이나 전통 금속용기, 콘크리트 사일로가 사용된다. 이 경우 저장목초 중 유기산에 의해 사일로가 빠르게 부식될 수 있다. 오래된 목초 사일로를 적절히 유지하지 않으면 부식에 의해 외부공기가 유입되어 저장목초의 외부가 호기성이 되어 대부분 부패되므로 주의해야 한다.

3 식품 및 식품 첨가물로서의 미생물

미생물은 식품을 원료로 하는 발효에서 물리적·생물적 변화를 일으키는 것 외에, 식품 성분 자체로서 사용되기도 한다. 다양한 세균, 효모, 곰팡이는 동물이나 사람의 식품성분으로 사용되어 왔다. 대표적으로 양송이 버섯(*Agaricus bisporus*)은 식용으로 널리 이용되는 곰팡이 중 하나이다. 미생물은 식품성분 혹은 식품의 첨가물로도 사용되는데, 식품 첨가물로 많이 쓰이는 미생물 중의 하나는 남조류의 일종인 스피루리나(*Spirulina*)가 있다. 클로렐라와 더불어 미래의 단백질원으로 주목받고 있으며, 과거부터 아프리카에서는 식품으로 사용되기도 했다. 현재는 건강 보조 식품으로써 말린 덩어리나 파우더 형태로 제품화되어 있다.

*Lactobacillus*와 *Bifidobacterium*과 같은 미생물을 배양하여 건조시켜서 건강 보조 식품으로 이용하고 있으며, 정장작용뿐 아니라 면역성 증가, 설사 억제, 항암효과, 그리고 크론병(Crohn's disease, 국한성 회장염)을 호전시키는 등 건강 증진에 도움을 주기도 한

다. 이러한 미생물은 또한 항원의 섭취, 그리고 분해에도 영향을 준다.

4 효소의 이용

오래 전부터 인류는 발효식품이나 양조에 무의식적으로 효소를 이용해 왔지만 효소 자체를 산업적으로 대량 생산하여 이용하게 된 것은 최근부터이다. 펩신(pepsin)이 1785년 처음으로 발견된 이래로 지금까지 약 3,000여 종이 밝혀졌으며 아직도 연구실에서 연구 중인 수 많은 효소가 있다. 효소는 반응을 촉매하는 작용으로 인해 다양한 산업에 응용되고 있다.

효소가 주로 많이 이용되고 있는 분야는 세제분야이다. 합성 계면활성제는 기름때를 유화시켜 세척하는 데는 효과가 크지만, 단백질 성분의 때에는 효력이 없다. 효소 세제에는 알칼리성 프로테아제(protease), 셀룰라아제(cellulase), 리파아제(lipase), 알파-아밀레아제(α-amylase)등의 효소가 첨가되어 세척효과를 높일 뿐 아니라 셀룰라아제에 의해 섬유의 보푸라기를 제거하고 광택을 증가시키는 역할도 한다. 효소는 크게 의료용과 공업용으로 분류할 수 있고 공업용 효소는 식품관련용과 화학공업용으로 나눌 수 있다.

복숭아 과즙음료의 제조시 이용되는 효소는 곰팡이에서 추출한 베타-글루코시다아제

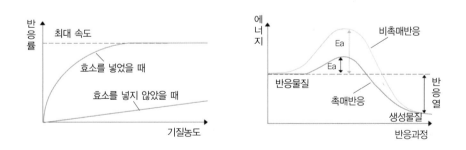

그림 4-13 효소의 촉매 반응

(β-glucosidase)인데, 복숭아 과육의 안토시아닌계 색소가 주석캔의 주석과 반응하여 보라색으로 변색되는 것을 방지한다. 이것을 흔히 안토시아나제(anthocyanase)라고도 한다.

사과 주스에 펙티나아제(pectinase)를 첨가하면 사과 과즙 주스가 투명해진다. 이는 불용성의 펙틴(pectin)이 펙티나아제의 분해작용으로 저분자의 물질로 분해되기 때문이다. 펙티나아제는 식품에 가하여 과일즙의 품질을 보존하는 데 사용되는 효소제이다.

귤 통조림을 만들 때 산화를 방지하는 효소 처리를 하지 않으면 운반 중의 진동으로 시럽이 뿌옇게 혼탁된다. 이러한 색의 변화는 귤 속의 헤스페리딘(hesperidin)이 시럽에 녹아 있다가 진동 등의 자극에 의해 결정화되기 때문인데, 이러한 현상이 발생되는 것을 막기 위해 과거에는 카르복실메칠셀룰로오스(carboxyl methyl cellulose)를 첨가했지만 인체에 유해할 수 있으므로 지금은 효소를 이용한다. 과즙에 헤스페리디나아제(hesperidinase) 효소를 작용시키면 헤스페리딘을 분해할 수 있으며 현재 시중에서 판매되고 있는 귤 통조림들은 모두 효소 처리한 가공품들이다.

치즈를 만드는 과정은 제조시 우유의 응고제로 많이 쓰이는 [4]레닛을 미생물 효소로 사용하는 연구가 진행되었고, 1960년부터 1965년 사이에 세 종류의 미생물 레닛이 성공적으로 도입되어 널리 사용되고 있다.

효소는 산화환원 효소, 전이 효소, 가수 분해 효소, 분해 효소, 이성질화 효소, 및 합성 효소로 6종류로 분류한다. 이 중 가수분해 효소가 취급에 용이하기 때문에 산업에 많이 이용되지만 고부가가치의 물질생산에 이용되지는 못한다. 반면 산화환원 효소와 전이 효소는 고부가가치 물질생산에 이용되지만, 대규모 산업에 활용하기에는 효소관련 연구 성과가 미흡한 편이다.

'효소의 산업적 적용' 과 '화학 공정의 효소공정으로의 대체'는 향후 발전을 통해 개발시켜야 하는 발효연구과정이다. 지금까지 물질생산의 주류가 되어온 화학공정은 화학원료 공급의 문제와 환경오염 문제 때문에 이제는 생물공정으로 대체되어야 할 필요성이 급증되고 있기 때문이다.

---

4) 레닛(rennet): 송아지 제4번째 위의 내막에 들어 있는 액으로서 응고 효소를 함유하고 있으며 치즈나 우유를 응고시킬 때 쓴다.

1) 효소의 정의 및 특징

(1) 효소의 정의

효소는 생명이 있는 모든 생물체에 의해 생산되는 유기 촉매로서 단백질로 구성된다. 생명 현상을 유지하기 위해 필수적이며, 장류 및 주류나 침채류 등 발효 식품을 제조하는데 있어 미생물의 효소작용이 중요하게 작용한다.

(2) 효소의 구성

효소는 단순 단백질(single protein) 또는 복합 단백질(conjugated protein)로 이루어진 물질로 pH나 온도 등에 반응도가 달라질 수 있다. 효소는 타성분의 녹매제로 사용되는 물질이나 자신의 본질은 변화하지 않는 성분으로 단순 단백질과 복합 단백질로 구분하여 살펴볼 수 있다.

단순단백질이란 구성 성분이 아미노산만으로 구성된 단백질로서 물이나 염류용액에 대한 용해도에 따라 알부민(albumin), 글로불린(globulin), 글루텔린(glutelin), 프롤라민(prolamin), 히스톤(histone), 프로타민(protamine), 경단백질(scalerprotein) 등으로 분류된다.

복합단백질은 아미노산 성분 외에 다른 화학성분이 결합한 것으로 이 화학성분을 보결 분자단(prosthetic group)이라 한다. 보결 분자단을 구성하고 있는 성분에 따라 복합단백질의 종류를 나누어 볼 수 있는데, 복합 단백질의 단백질 부분을 주효소라 하며 비단백질 부분을 조효소라 한다.

표 4-8 보결 분자단의 결합에 따른 복합 단백질의 종류

보결 분자단의 종류	복합 단백질의 종류
지질(lipid)	리포 단백질(lipoprotein)
올리고당(oligosaccharide)	당단백질(glycoprotein)
인산(phosphate)	인단백질(phosphoprotein)
금속(metal)	금속 단백질(metalloprotein)
핵산(nucleic acid)	핵단백질(nucleoprotein)
색소	색소 단백질(chromoprotein)

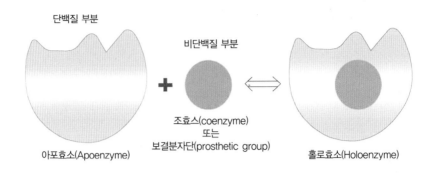

단백질 부분

비단백질 부분

조효소(coenzyme)
또는
보결분자단(prosthetic group)

아포효소(Apoenzyme)

홀로효소(Holoenzyme)

그림 4-14 효소의 구조

(3) 효소의 기질 특이성 및 작용

크게 효소는 기질과 반응하여 새로운 반응물(product)을 만들어 낸다. 이때 반응은 열쇠와 자물쇠 관계처럼 하나의 효소가 하나의 기질에 반응하는 기질 특이성을 갖는다. 이처럼 기질 특이성이란 효소가 특정 기질하고만 결합하여 반응을 촉매하는 특성을 말한다. 효소는 3차원 구조 안에 특유의 활성 부위(active site)를 가지고 있어서 입체적으로 자신의 활성 부위에 알맞게 결합하는 특정 기질하고만 상호 결합할 수 있다.

효소는 일반적으로 상온에서 체온 정도의 온도와 중성 pH에서 잘 작동한다. 일부 특이한 생물의 효소들은 극한 조건(72℃ 이상의 고온, pH 2.0의 강한 산성 조건)에서도 작용한다.

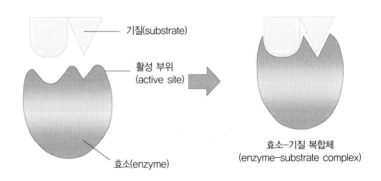

기질(substrate)

활성 부위
(active site)

효소(enzyme)

효소-기질 복합체
(enzyme-substrate complex)

그림 4-15 효소와 기질의 반응

2) 효소의 분류

국제생화학연합의 효소위원회는 효소가 촉매하는 반응의 종류와 반응하는 기질의 종류에 따라 효소를 효소 번호(EC number)로 분류하였다. EC로 시작하는 4쌍의 숫자로 분류하였다. 효소의 촉매반응 양식에 따라 6군으로 분류하며, 기질의 특성으로 더욱 세분화하였다.

화학적인 성분의 구분에 따른 효소 번호 표기 방법은 EC를 공통적으로 식별 부호로 사용하며 마침표로 구분된 4짝의 분류 번호를 사용한다. 효소 분류의 첫번째 번호는 6군을 그룹별로 나눈 것으로 EC 1.은 산화 환원 효소, EC 2.는 전이 효소, EC 3.은 가수 분해 효소, EC 4.는 분해 효소, EC 5.는 이성질화 효소, EC 6.은 연결 효소를 의미한다. 두번째와 세번째 분류번호는 반응 종류, 작용물질의 차이, 효소의 분자 구조 특징 등에 의해 정해지는 번호이며 마지막 번호는 작은 분류 중에서의 일련번호로 효소 위원회에 의해 결정된다. 예를 들면 지질 분해 효소인 lipase(glycerol ester hydrolase)는 중성지방(TG, triglyceride)을 지방산과 glyceride로 가수 분해하는 효소로 'EC 3.1.1.3' 이다.

표 4-9 효소의 분류

그룹	촉매 반응	종류
EC 1. 산화환원 효소 (oxidoreductase)	산화환원 반응을 촉매	탈수소효소, 산화효소, 환원효소, 수산화효소, 과산화효소
EC 2. 전이 효소 (transferase)	한 분자를 다른 위치로 옮겨줌 (C, N 또는 P을 가진 기를 옮김)	카르복실기 전이효소, 메틸기 전이효소, 아미노기 전이효소
EC 3. 가수분해 효소 (hydrolase)	물을 첨가하여 화학결합을 절단하는 반응을 촉매	에스테라아제, 펩티다아제, 인산가수분해효소
EC 4. 분해 효소 (lyase)	C-C, C-S, C-N결합이 깨어지는 반응을 촉매	탄소-질소 분해효소, 탄소-탄소 분해효소
EC 5. 이성질화 효소 (isomerase)	광학, 입체 이성질체간의 전환을 촉매	글루코스 이성화효소, 시스-트란스 이성화효소
EC 6. 합성 효소 (ligase)	C와 C, O, S, N 간의 결합과 고에너지 인산(ATP)의 가수분해가 짝지어 일어나는 반응을 촉매	아세틸 CoA합성효소, DNA 연결효소

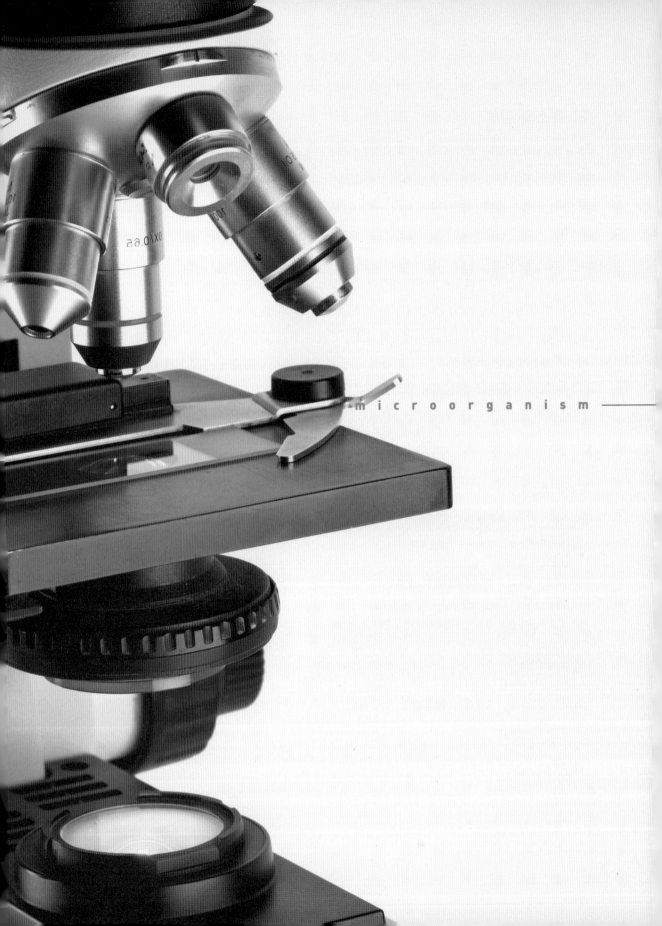

microorganism

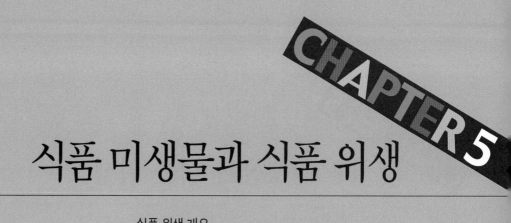

식품 미생물과 식품 위생

CHAPTER 5

식품 미생물과 식품 위생

1 식품 위생 개요

식품 위생의 의미를 정확하기 위해서는 '식품' 과 '위생' 의 의미를 각각 나누어 생각해보는 것이 필요하다. '식품' 이란 다양한 뜻을 갖고 있으나 일반적으로 '영양소를 함유하고 있는 먹을 수 있는 것' 으로 정의된다. '위생' 의 의미는 일반적으로 '깨끗하다.' 혹은 '깨끗해서 안전하다.' 로 생각해 볼 수 있다. 우리가 식당을 들어가서 '식당이 위생적이다.' 라는 말을 할 경우를 생각해 볼 때 위생적이어서 맛있다라는 의미가 아니라 그곳의 음식은 우리에게 안전하다는 의미를 포함하고 있다. 이렇듯 식품 위생이라는 말은 우리가 먹는 음식의 안전과 연관된 것을 연구하는 학문이다.

우리나라 식품 위생법에서 식품위생은 "식품, 첨가물, 기구 및 용기와 포장을 대상으로 하는 음식물에 관한 위생을 말한다." 라고 정의되어져 있고, 세계보건기구(WHO)에서는 "Food hygiene means all measures necessary for ensuring the safety wholesomeness and soundness of food at all stages from its growth, production or manufacture until its final consumption." 이라 정의하고 있다. 이 말을 해석하면 "식품위생이란 식품의 재배, 생산, 가공부터 최종 소비까지 모든 과정에서 식품의 안전성과 최적성을 지키기 위해 필요한 모든 노력의 수행을 의미한다." 라고 할 수 있다.

식품을 통해 우리가 섭취할 경우 문제가 되는 위해요소들은 식중독균, 전염병균, 잔류농약, 중금속, 메탄올, 곰팡이독, 기생충, 위생동물 등 매우 다양하다. 이들을 식중독 위험(foodborne hazard)에 의해 나누면 크게 3가지로 나누어진다.

표 5-1 식중독의 위험 요인

위험요인	설 명
생물적 위험 요인 Biological hazard	세균, 바이러스, 기생충 그리고 곰팡이들에 위험을 말함 현미경을 통해 관찰이 가능한 매우 작은 생물체에 의한 위험을 지칭함
화학적 위험 요인 Chemical hazard	자연적으로 만들어 지거나 또는 음식을 조리하는 과정에서 고의·실수로 첨가된 독소물질을 말함 농업화학물질(살충제, 비료, 항생제), 세제, 중금속(납과 수은), 식품첨가물과 알레르기 유발 물질이 포함됨
물리적 위험 요인 Physical hazard	질병이나 상해를 유발하는 단단하고 날카롭거나 부드러운 이물질을 말함 유리조각, 금속, 이쑤시게, 유리조각, 헝겊조각과 머리카락 등을 포함

위의 3가지 중 미생물과 관련된 것은 생물적 위험 요인으로 이것은 식품관련업체에서 가장 중요하게 관리하고 예방하여야 하는 식중독 위험요소이며, 매년 발생되는 식중독 사건 대부분의 원인이고 식품안전의 첫 번째 목표이기도 하다.

식품위생에서 주요 관리 미생물은 세균(bacteria)이며, 이 중 특히 포자생성균(spore forming bacteria)은 더욱 중요하다. 대표적 포자생성균으로는 호기성의 *Bacillus* 속과 혐기성의 *Clostridium* 속이 있다. 포자생성균은 흔히 포자상태와 영양세포로 자연 중에 존재한다. 포자상태에서는 번식, 생장 등이 불가능하나 내열성이 강하여 살균이 부족할 경우 식품 중에 생존하여 향후 스트레스가 없어질 경우 발아하여 영양세포 상태로 되어 번식, 생장, 독소생성 등을 일으킨다. 여러 미생물 살균 과정은 대부분 포자생성균을 살균지표균으로 설정하여 살균 조건을 조정한다.

표 5-2 포자 생성균의 영양 세포와 포자 상태 비교

생존·성장	영양세포	포자
생존·성장	○	×
증식	○	×
내열성	×	○
독소생성	○	×
위해성	○	×

식품위생에서 세균은 크게 부패세균과 병원성 세균으로 구별한다.

부패 세균(spoilage bacteria)은 식품에 번식하여 식품 성분을 분해하고 식품을 물리·화학적으로 변화시킨다. 부패세균은 일반 세균이라고 불리기도 한다. 식품은 부패하는 과정에서 외관, 맛, 향 등이 나빠진다. 부패 세균의 증식이 많이 진행 될 경우는 식품은 더 이상 가치를 잃게 되어 폐기시켜야 한다. 일반적으로 생균수가 10^8 CFU/g 이상이 되면 초기부패에 진입한 것으로 판정한다. 이러한 초기 상태의 부패 세균은 사람에게 무해하다. 병원성 세균(pathogenic bacteria)은 식품 속에 증식하며 식품과 함께 균 자체나 균이 생성한 독소 물질을 사람이 섭취하여 병을 유발하는 세균을 의미한다. 병원성 세균은 식중독, 경구 전염병, 인축 공통 전염병 등과 같은 질병을 유발시킬 수 있다. 병원성세균은 아니지만 곰팡이가 발생원인이 되는 곰팡이독증과 바이러스로 인해 발생되는 바이러스성 식중독 등도 문제가 된다.

2 식품으로 인한 건강 장애

1) 식품에 의해 전파되는 전염병

(1) 경구 전염병과 세균성 식중독의 비교

경구 전염병은 병원체에 오염된 식품, 손, 물, 곤충 등으로부터 입을 통해서 감염이 되는 소화기계 전염병이다. 경구 전염병은 세균성 식중독과 마찬가지로 입을 통해 감염되고, 매개체가 식품이고 초기 증상이 비슷하다는 공통점이 있다. 하지만 세균성 식중독은 더 이상 다른 사람에게 전염이 되지 않는 종말감염인데 비해 경구 전염병은 다른 사람에게 전염이 되어 2차감염과 감염환을 형성한다. 경구 전염병 균의 독성이 강한 이유로 적은 양의 균 량으로도 감염이 되고, 대신 잠복기는 길다. 음료수에 의한 수인성 감염은 경구 전염병의 경우 빈번히 일어나지만 세균성 식중독의 경우는 균이 희석되기 때문에 수인성에 의한 감염은 거의 없다.

표 5-3 경구 전염병과 세균성 식중독의 차이

구 분	경구 전염병	세균성 식중독
공통점	초기증상이 비슷하고 매개체로 식품을 사용함	
감염관계	감염환이 성립하여 다른 사람에게 전파됨	종말감염으로 더 이상 감염이 진행되지 않음
감염 시 균의 양	미량의 균으로도 감염이 가능함	일정량 이상 과량의 균이 필요함
2차 감영	2차 감염이 빈번하게 일어남	2차 감염이 거의 일어나지 않음
잠복기간	잠복기간이 김	상대적으로 잠복기간이 짧음
예방조치	불가능함	균 증식을 억제하면 가능함
수인성감염	빈번히 일어남	거의 없음

경구 전염병에는 많은 종류가 있다. 경구 전염병의 원인으로 세균인 경우가 많으나 바이러스와 원형생물이 원인인 경우도 있다. 장티푸스, 파라티푸스, 세균성 이질, 콜레라, 성홍열, 디프테리아는 세균에 의해 발생되고, 급성회백수염, 전염성 설사, 유행성 간염, 천열은 바이러스, 아메바성 이질은 원형생물에 의해 감염된다.

표 5-4 경구 전염병의 종류와 원인 세균

병명	원인세균
장티푸스	*Salmonella* typhi, *Salmonella* typhosa, *Eberthera* typhi
파라티푸스	*Salmonella* paratyphi A, *Salmonella* paratyphi B, *Salmonella* paratyphi C
세균성이질	*Shigella dysenteriae*(만니톨 분해 못하는 균)
	Shigella flexneri, Shigella baydii, Shigella sonnei(만니톨 분해하는 균)
콜레라	*Vibrio cholerae*
성홍열	*Haemolytic streptococci*
디프테리아	*Cornebacterium diphtheiae*

전염병은 일반적으로 발병하기 위해서는 세 가지 발병 요소가 갖추어져야 한다.

첫째, 감염원 즉 병원체가 있어야 한다. 이때 감염원은 양적으로나 질적으로 발병을 일으키기에 충분하여야 한다.

둘째는 전염경로 혹은 전파경로가 있어야 한다. 병원체가 병을 일으킬 수 있는 사람이나 동물에게 전파되어야만 발병이 되므로 균이 전파될 수 있는 경로가 필요하다.

셋째는 숙주의 감수성 혹은 면역이다. 사람에 따라 어떤 사람은 감기에 걸리고 어떤 사람은 감기에 걸리지 않는다. 혹은 어떤 사람은 백신 주사에 의해 면역성을 가지고 있는 경우도 있고, 못 가지고 있는 경우도 있다. 병원균이 전파를 통해 숙주에 왔다고 하더라도 숙주의 감수성에 의해 발병은 일어날 수도, 혹은 일어나지 않을 수도 있다.

위의 세 가지를 전염병 발병의 3요소라 하며 이 중 하나라도 불충분하거나 없다면 전염병은 발병하지 않는다. 이를 이용하여 3요소 중 한 가지 이상을 제거하면 전염병을 예방할 수 있다.

감염원의 제거는 살균처리를 하거나 주위를 청결히 하는 것을 통해 이루어질 수 있다. 전염병에 걸린 사람의 물건 등을 소각하는 방법과 음식물을 먹기 전에 가열 살균처리를 하면 된다. 환자나 보균자는 조기 발견하고 격리시킨다.

전염경로의 제거는 전염병을 옮기는 매개체를 없애는 방법이 있다. 파리, 바퀴 등을 살충하거나 호흡기에 의한 전염을 막기 위해 마스크를 사용하든가 혹은 식사 전에 손 등을 깨끗이 씻는 방법이 있다. 상수도와 우물물의 위생적 관리를 철저히 하고, 화장실을 세균이 증식하기 어려운 시설로 개량하도록 한다.

감수성을 조절하는 방법으로는 백신을 맞아서 면역성을 키워 주는 방법이 있다. 혹은 잘 먹고 푹 쉬어서 몸을 건강하게 유지하는 것도 한 방법이라 하겠다.

(2) 인축 공통 전염병

인축 공통 전염병은 최근 들어 새로운 것이 많이 나오고 있고, 사스, 조류독감, 돼지 콜레라, 광우병 등 계속적으로 인축 공통 전염병으로 의심되는 새로운 병들이 추가되고 있어서 많은 관심을 받고 있다. 인축 공통 전염병은 사람에게서 동물로, 동물에게서 사람으로 감염될 수 있는 전염병을 말하나, 대부분은 동물에게서 사람에게 오는 질병을 지칭한다. 인축 공통 전염병은 식용동물에게 발병하고 이를 식용했을 경우 사람에게 전염이 된다. 일반적으로 탄저, 결핵, 야토병, 돈단독, Q열, 리스테리아증이 있다.

일반적으로 인축 공통 전염병을 예방하기 위해서는 사전에 감염원이 되는 요소들을 제거하여 감염피해를 막는 것이 권장된다. 우선, 가축의 건강관리를 철저히 하고 감염된 동물을 조기 발견하여 도살, 격리시켜 가축 사이의 전파를 방지하도록 한다. 또한 감염된 동물을 식품으로 판매 또는 수입되는 것을 막으며, 도살장이나 우유 처리장에서 식품별 위생 검사를 철저히 하는 것이 필요하다.

표 5-5 인축 공통 전염병의 종류와 원인 세균

병명	원인세균	병명	원인세균
탄저	*Bacillus anthracis*	결핵	*Mycobacterium tuberculosis*
야토병	*Francisella tularensis*	돈단독	*Erysipelothrix rhusiopathiae*
Q열	*Coxiella burnetii*	리스테리아증	*Listeria monocytogenes*

2) 식품에 의한 식중독

(1) 세균성 식중독

세균성 식중독은 세균에 의해 발생하는 식중독이다. 모든 세균이 식중독을 일으키는 것은 아니며, 일반 세균은 균수가 아무리 많아도 식중독을 일으키지 않는다. 세균 중 몇몇 균만이 식중독을 일으킨다. 일반적으로 식중독 사건의 대부분은 세균성 식중독에 의해 일어난 것일 정도로 세균성 감염이 대부분을 차지한다. 역학 조사에 의해 확실히 원인이 규명되지 않는 식중독도 대부분 세균성 감염이 원인이 되어 발생하는 것으로 생각되어지고 있다. 하지만 치사율은 높지 않은 편이다.

　세균성 식중독은 과량의 균을 섭취하면 균 자체가 신체 내에서 중독 증상을 일으키는 감염형과, 사람에게 무해하나 균이 식품 중에 생장하면서 미리 만들어 둔 독성 물질에 의해 중독 증상을 일으키는 독소형으로 분류된다. 감염형과 독소형의 발병 경로는 매우 큰 차이를 보이며, 발병 증상도 다르게 나타난다. 발병 경로의 경우 감염형은 균의 독성에 의한 중독 증상을, 독소형은 미리 만들어 놓은 독성 물질에 의한 중독 증상을 보인다.

　감염형의 잠복기는 길고, 가열 처리 하면 대부분 식중독의 발생을 억제할 수 있다. 하지만 독소형은 잠복기가 짧고, 독성물질의 열안전성이 클 경우 가열 처리하여도 독성물질이 파괴되지 않아 식중독 발생을 예방하기 어렵다는 것이 특징이다. 세균성과 감염형

표 5-6 **세균성 식중독의 비교**

구분	감염형	독소형
발병 경로	과량의 생균이 체내로 유입되고 균이 가지고 있는 독성에 의해 식중독이 일어남	균이 식품 속에 생육하면서 만들어 놓은 독성 물질이 체내에 유입되어 식중독을 일으킴
잠복기	생균이 체내에서 적응하고 생육하여야 하므로 잠복기가 길게 나타남	독성 물질이 소화기관을 통해 흡수되면 증상이 바로 나타나 잠복기가 짧음
가열살균효과	가열 살균 시 생균의 수가 줄어들기 때문에 대부분의 경우 식중독 예방이 가능함	독성 물질의 열안전성이 클 경우 가열살균을 하여도 식중독을 예방할 수 없음
주요 증상	대부분의 소화기관 장애와 더불어 발열이 꼭 일어남	감염형과 같은 증상을 보이나 발열은 거의 없음
대표 균주	*Salmonella*균, 장염 *Vibrio*균	포도상구균, *Botulinus*균

은 발병 증상에서 둘 다 소화기 장애를 보인다. 그러나 감염형은 균의 증식에 의한 발열 증상이 나타나나 독소형에서는 발열증상이 나타나지 않는다.

세균성 식중독 중 감염형으로는 *Salmonella*균과 장염비브리오균이, 독소형으로는 포도상구균과 *Botulinus*균이 대표적으로 알려져 있다. 이들의 대표적 성상은 표 5-7에 정리하여 두었다. 이들 외에도 *Welchii*균, *Proteus*균, *Campylobacter*균, *Listeria*균, *Cereus*균, 장구균에 의한 식중독 등이 널리 알려져 있다.

표 5-7 대표적 식중독균의 중요 특성

형태	세균명	세균의 특징
감염형	*Salmonella*균	·증상이 1~2일 정도 지속됨 ·가금류, 계란이 중요한 매개 수단임 ·티푸스형 질환 혹은 급성 위장염을 일으킴 ·혈변을 동반하지 않는 설사, 복통, 열, 구역질과 구토 등과 같은 증세가 6~48시간 후에 발생 ·대부분 운동성임 ·Lactose를 분해하지 못함 ·Gram 음성, 비아포성, 통성혐기성 간균
	장염비브리오균	·잠복기는 8~20시간 ·7~9월에 해산물로부터 주로 매개됨 ·복통, 설사, 구토가 주증상인 급성 위장염을 일으킴 ·운동성 있음 ·호염성 세균, 해수세균 ·Gram 음성, 무아포의 간균
독소형	포도상구균	·잠복기 2~6시간 ·치사율이 낮음 24~48시간 내 회복됨 ·구토, 설사, 심한 복통이 주증상인 급성위장염을 일으킴 ·Enterotoxin을 생산 ·포도송이 모양의 배열 ·Gram 양성균, 무아포균 ·비운동성 호기성 혹은 통성혐기성균
	*Botulinus*균	·호흡부전에 의해 사망, 치사율이 높음 ·메스꺼움, 구토, 복통, 설사 등의 소화기 증상 ·시력장애, 복시, 두통, 근력감퇴, 변비, 신경장애 ·잠복기가 12~36시간이지만 2~4시간 이내에 신경 증상이 나타나기도 함 ·내열성 아포를 형성 ·활발한 운동성을 나타냄 ·Gram 양성의 편성혐기성 간균

표 5-8 세균성 식중독의 종류와 원인 세균

식중독명	원인세균
*Salmonella*균에 의한 식중독	*Salmonella* Typhimurium, *Salmonella anatum*, *Salmonella derby*, *Salmonella heidelberg*, *Salmonella thompson*, *Salmonella tennessee*, *Salmonella infantis*, *Salmonella enteritidis*
장염 비브리오균에 의한 식중독	*Vibrio parahaemolyticus*
*Welchii*균에 의한 식중독	*Clostridium perfringens*, *Clostridium welchii*
장구균에 의한 식중독	*Streptococcus faecalis*
*Proteus*에 의한 식중독	*Proteus morganii*
*Campylobacter*균에 의한 식중독	*Campylobacter jejuni*, *Campylobacter coli*
Listeria 식중독	*Listeria monocytogenes*
포도상구균에 위한 식중독	*Staphylococcus aureus*
*Botulinus*균에 의한 식중독	*Clostridium botulinum*
*Bacillus cereus*균에 의한 식중독	*Bacillus cereus*

　　세균성 식중독의 예방법으로는 첫째 세균에 의한 오염 방지한다. 이를 위해 처음부터 식품 내에 식중독 원인 세균에 의한 오염이 되지 않도록 주의하며 식품을 다룬다. 식품을 취급하는 저장고나 전처리장, 그리고 조리장의 위생관리를 철저히 하고 오염된 식품으로부터 2차 오염을 막는다. 둘째 식품 저장 중 세균의 증식 발육을 억제한다. 일반적으로 세균성 식중독균은 균의 독성이 약하여 균수가 다량이 되기 전에는 발병하지 않는다. 따라서 식품에 오염이 되었더라도 균의 수가 늘어나지 않으면 식중독은 발병하지 않는다. 셋째 가열 살균 후 섭취한다. 식중독균에 오염되고 생육에 의해 발병균수 이상으로 증식하여도 식품 섭취 전에 가열처리 하면 식중독을 예방할 수 있다. 이 방법은 독소형 식중독의 경우에는 생성 독소의 내열성 여부에 따라 적용되지 않는 경우도 있다. 마지막으로 식품을 취급하는 모든 사람들의 보건교육을 통해 위생적 처리와 보관 등의 방법으로 식중독의 발생을 줄일 수 있다.

표 5-9 식중독 발생 기사

KBS 뉴스. 2012. 6.16   🔍

정 치	경 제	사 회	문 화	스 포 츠

〈앵커 멘트〉

서울의 한 고등학교에서 2백 명 가까운 학생이 집단 식중독 증세를 보였습니다.

보건 당국이 긴급 역학조사를 벌이고 있는데, 학교 급식에 문제가 있었던 것으로 추정됩니다.

〈리포트〉

집단 식중독이 발병한 서울 ▲▲고등학교입니다.

지난 11일부터 학급별로 10명 안팎의 학생들이 복통과 설사 증세를 호소하기 시작했습니다.

일부는 심한 발열과 탈수로 응급실로 실려가기도 했습니다.

〈녹취〉 ▲▲고 학생(음성변조) : "너무 아파서 응급실 실려가고, 우리 학년 밑 아이는 급식 먹고 갑자기 토하고 쓰러졌어요."

이런 증상을 보인 학생은 모두 176명.

식약청이 발병 학생들의 가검물을 분석한 결과, 세균성 장염을 일으키는 '캠필로박터 제주니'균이 검출됐습니다.

발병 학생 중 상당수는 비빔밥과 초밥, 냉면 등이 나온 지난주 금요일 급식 이후 증세가 시작됐습니다.

이에 따라 학교 측은 일단 급식을 전면 중단한 상태입니다.

〈녹취〉 ▲▲고 관계자 : "역학 조사를 하고 있는 과정이어서 (원인은) 정확히는 모르겠어요. 어떤 원인인지 모르니까 전원 도시락을 싸 가지고 와요."

식약청은 반포고가 급식을 직영하는 만큼 식중독균이 인근 학교까지 퍼졌을 가능성은 낮지만, 식자재 등의 유통 경로를 면밀히 추적하고 있다고 밝혔습니다.

(2) 바이러스성 식중독

최근 바이러스에 의한 식중독에 대한 연구가 점차 진행되어 가고 있다. 바이러스는 세균보다 크기가 훨씬 작고, 증식을 위해 숙주(예: 인간, 동물, 식물, 미생물 등)가 필요하며 식품에서 증식하지 않는다. 저항성이 약한 사람은 몇 개의 바이러스 입자의 감염만으로도 식중독에 걸릴 정도로 감염량이 적다. 바이러스의 전파 경로는 보통 식품에서 다른 식품으로, 작업자에서 식품으로, 오염된 물에서 식품으로 전파되는 특성을 지닌다. 특히 화장실 사용 후 손을 청결하게 씻는 것은 식중독 바이러스의 전파를 막는데 매우 효과적 인 관리방법이다. 바이러스성 식중독은 그 원인 물질에 따라 생물학적 식중독으로 분류 되고 감염형에 속한다. 바이러스성 식중독과 세균성 식중독의 가장 큰 차이점은, 바이러 스성 식중독은 미량의 균량으로도 발병이 가능하고 2차 감염으로 인해 대형 식중독을 유발할 가능성이 높다는 것이다. 또한 수인성 전파가 된다는 것이 중요하다. 우리나라에 서는 2006년도에 노로바이러스(Norovirus)에 의한 식중독이 발생하여 큰 사회적 반향을 일으킨 적 있다. 노로바이러스 외에도 식품산업에서는 A형 간염바이러스(Hapatitis A virus), 노르웍바이러스(Norwalk virus), 로타바이러스(Rotavirus)가 문제가 된다.

(3) 곰팡이독

곰팡이독(mycotoxin)은 일명 진균독이라고 불린다. 곰팡이독은 곰팡이가 생산하는 2차 대사산물로 사람과 가축에 급성 혹은 만성의 생리적 또는 병리적 가해를 유발하는 유독 물질군을 말한다. 일반적으로 곰팡이독은 비병원성 곰팡이가 생산하는 비단백질성 저분 자화합물로 항생물질과는 구별되며 항원성을 갖지 않는다.

곰팡이독의 특징으로는 비교적 열에 안정하고, 가공과정에서 분해되지 않고 잔류하 며, 유독 곰팡이들이 수확 전후에 침입하여 증식·오염된다는 점과 만성중독과 발암성 을 나타내는 종이 많이 있다는 점을 들 수 있다.

우리나라는 여름철에 고온 다습하고, 곰팡이가 생육하기 쉬운 탄수화물의 섭취가 많 고, 발효식품을 즐겨 먹는다는 점에서 곰팡이독에 의한 위생적 위협을 무시할 수 없다. Aflatoxin은 곰팡이독 중 가장 먼저 발견되었다. 1960년 영국에서 10만 마리의 칠면조가 떼죽음 당한 이유를 조사한 결과 사료로 사용된 브라질산 땅콩박에 핀 *Aspergillus flavus*가 생산한 독성 물질에 의한 것임이 밝혀졌고, 이 독성 물질의 이름을 aflatoxin 이 라 명명했다. Aflatoxin은 강력한 발암 물질로 간, 위, 신장에 부담을 주고, 특히 간암을 일으키는 중요 요인이 될 수 있다.

그 외에도 보리, 밀에 잘 자라는 곰팡이인 *Claviceps purpurea*(맥각균)에 의해 오염된 곡류에서 발생하는 맥각중독, 쌀에 기생하는 *Penicillum* 곰팡이에 의해 발생하며 쌀이

노란색으로 변하는 황변미중독, 옥수수에 *Penicillium rubrum*이 오염되어 만들어지는 Rubratoxin 중독, 옥수수에 *Aspergillus ochraceus*가 오염되어 만들어지는 Ochratoxin에 의한 중독 등의 곰팡이독이 알려져 있다.

3 식품 위생의 오염지표균

1) 오염지표균

오염지표균은 위생지표균, 위생척도균이라고 불리며, 식품위생에서 매우 중요한 개념이다. 자연계에 존재하는 균 중 인간에게 해를 줄 수 있는 병원성 세균은 그 종류가 매우 많다. 식품 위생을 위해서는 모든 병원성 세균이 식품에 존재하여서는 안되며, 이를 확인하기 위해서는 모든 균을 일일이 다 검사해야 한다. 하지만 이는 매우 어렵고 힘든 일이다. 그래서 병원성 세균의 존재를 대표할 수 있는 오염지표균의 개념이 만들어졌다. 오염지표균이란 위생상 위해를 줄 수 있는 균 중 대표성을 갖는 균을 말한다. 만약 오염지표균이 식품 중에 존재한다면 일반적으로 병원성 세균이 존재할 확률이 높고, 지표균이 없다면 병원성 세균 역시 없을 확률이 높다. 이런 오염지표균을 찾는다면 병원성 세균 전체를 검사할 필요 없이 오염지표균의 존재 유무와 균수가 얼마나 있는지를 통해 쉽게 병원성 세균의 오염 여부와 오염 정도를 알 수 있다.

오염지표균이 되기 위해서는 일반적으로 다음과 같은 세 가지 요건을 갖추고 있어야 한다. 첫째는 장관 유래 세균이어야 한다. 자연 중에서 가장 높은 농도로 균이 존재하는 곳은 동물의 분변이다. 특히 전염병균과 식중독균은 분변에 높은 농도로 존재한다. 장관유래세균이 체외로 나올 수 있는 유일한 경로는 분변이다. 식품 중에 장관유래세균이 많다는 것은 그 식품이 분변과 오랫동안 접촉했음을 의미하고 이것은 전염병균과 식중독균의 오염 역시 의심된다는 것을 의미한다. 둘째는 외계에서는 증식하지 않고, 장시간 생존이 가능하여야 한다. 만약 우리가 위생관련 뉴스에서 "대장균이 3,000마리가 발견 되었습니다."라는 보도가 나왔다 가정하자. 만약 대장균이 장내가 아닌 장외에서도 쉽게 증식을 하여 균수를 늘릴 수 있다면 3,000마리가 처음부터 3,000마리였는지 처음은 한마리였는데 증식해서 3,000마리가 되었는지는 알 수 없을 것이다. 이는 분변과의 접촉이 강했는지 약했는지 역시 알 수 없음을 의미한다. 그러므로 오염지표군은 외부에서는 증식하여 균수가 증가하면 안 된다. 또한 외부에서 오랜 시간 생존할 수 있어야 저장 시간이 오래된 식품에도 정확한 결과를 알 수 있게 된다. 셋째, 소수라도 쉽게 검사가 가능하여야 한다. 소수라도 검출할 수 있어야 하는 것은 실험 자체의 감도가 좋음을 의미한다. '만약 어떤 균이 500마리만 존재해도 인간에게 위해를 주는데, 실험으로 검출할 수 있는 최소 단위가 2,000마리라면 그 균의 위해성을 측정하기에는 문제가 있을 것이다.' 따라서 오염지표균은 소수라도 쉽게 검사할 수 있어야 한다.

일반적으로 사용되는 오염지표균은 대장균군(coli-form group)과 장구균이 있다. 전통적으로 대장균군이 오래전부터 사용되어 많이 알려져 있고, 지금도 많이 사용되고 있지만 몇몇 부분에서 문제점을 보이고 있어 이러한 문제점을 장구균이 보완하여 주고 있다.

표 5-10 대장균군과 장구균의 비교

특성	대장균 군	장구균
존재 형태	간균	구균
Gram 염색성	음성	양성
장관 내 균수 수준	분변 1g 중 $10^7 \sim 10^9$	분변 1g 중 $10^5 \sim 10^8$
각종 동물의 분변에서의 검출 상황	동물에 따라 불검출	대부분 동물에서 검출
장관 외에서의 검출 상황	일반적으로 낮음	일반적으로 높음
분리 – 확인의 난이도	비교적 쉬움	비교적 어려움
외계에서의 저항성	약함	약함
동결에 대한 저항성	약함	약함
냉동식품에서의 생존성	약함	약함
건조식품에서의 생존성	약함	약함
생선 – 채소에서의 검출률	낮음	낮음
생육에서의 검출률	낮음	낮음
절인 고기에서의 검출률	낮거나 없음	높음
식품매개 장관계 병원균과의 관계	일반적으로 큼	작음
비장관계 식품매개 병원균과의 관계	작음	작음

대장균군은 분리 난이도가 낮고, 병원균과의 상관관계가 높다는 장점을 갖고 있지만, 냉동과 건조 시 생존성이 떨어져 냉동식품과 건조식품 검사에는 적합하지 않다. 하지만 장구균은 냉동과 건조 시에도 생존성 지수가 높게 나타나 냉동식품과 건조식품의 검사에는 적합하나, 분리 난이도가 높고, 병원균과의 상관관계가 낮은 편이다.

결론적으로 양자 중 어느 것이 오염지표균으로 더 적합한지 알 수 없고, 각각의 장단점이 존재하므로 둘 다 사용하는 것이 가장 바람직하다.

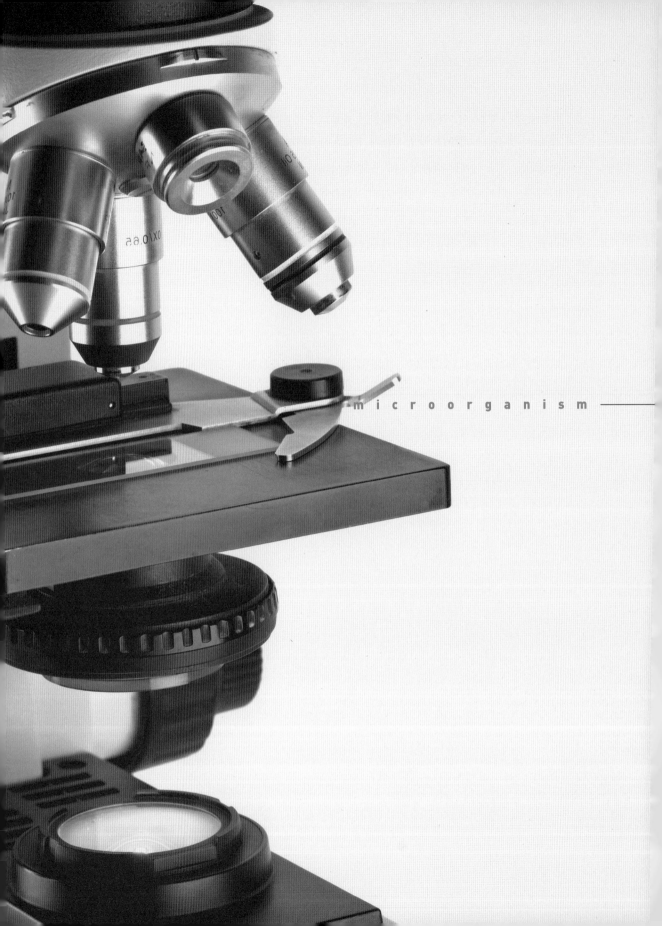

microorganism

식품 중 미생물 분석

식품 중 미생물 분석

1 식품 중의 미생물 수

식품 중의 미생물 수는 적게는 식품 1g당 10마리에서 많게는 1억 마리(10^8)까지 존재한다. 식품 중 미생물 균수가 중요한 이유는 미생물이 대부분의 식품에서 부패를 일으키고 품질을 저하시키는 원인이 되며, 식품의 유통 기한(shelf-life)을 설정하는 데 있어서 미생물 수의 변화는 중요한 기준이 된다. 또한 그 수와 관계없이 독소를 생산하는 유해 미생물의 존재는 그 검출 자체가 큰 문제가 되고 있다.

식품 중의 미생물의 균수는 식품의 상태에 따라 다양하게 분포한다. 일반적으로 냉장된 신선한 육류의 경우에는 저장 중에 미생물의 수가 증가하는 반면에, 냉동 식품이나 건조식품의 경우에는 저장 중 생균 수는 감소하는 경향을 보인다. 한편, 식품 중의 미생물은 식품의 가공공정, 저장, 유통, 소비에 이르는 동안 외부 환경의 영향으로 그 수가 변하게 된다. 일반적으로 대부분의 동물성 식품 1g 중에는 1,000~10,000 마리의 미생물이 존재하지만, 햄버거 고기와 같이 갈아서 만든 고기의 경우에는 다른 고기와는 달리 고기를 가는 공정으로 인해 오염의 원인이 추가되어 오염의 원인이 제공될 가능성이 높고 또 육즙이 용출되어 세균 번식이 가능하게 되기 때문에 가공 공정에 더욱 주의를 기울여야 한다. 또한 미생물의 1차적인 오염원은 공기인데 고기를 잘게 갈아 만드는 과정은 표면에 부착된 미생물을 골고루 섞어 주는 셈이 되기 때문이다. 고기를 우리나라보다는 덜 익혀 먹는 미국에서 햄버거 고기로 인한 식중독 사고가 빈번하게 발생하고 있는 이유는 이 때문이라 여겨진다.

열처리 식품은 비열처리 식품보다 미생물 수가 적은데, 이는 가열에 의해 미생물이 사멸하기 때문이다. 그러나 위생적 취급을 소홀하게 하여 미생물이 오염되거나, 열처리를 제대로 하지 않은 경우, 또는 부주의한 저장 등으로 열처리 식품에 많은 미생물이 존재하게 되는 경우가 있다.

미생물 균수의 평가는 식품공전상 미생물 기준이 설정되어 있는 식품의 경우 매우 중요하다. 예를 들면, 냉면 육수에서의 대장균 검출은 분변 오염의 지표로서 의미가 있다. 일반적으로 발효 식품을 제외한 식품 중 미생물 수가 많으면 많을수록 식품의 품질이 저하됨을 의미한다. 식품 1g 중 미생물 수가 1,000만~1억 마리(10^7~10^8) 정도 존재하면 식

Chapter 6 식품 중 미생물 분석

품의 부패가 특히 우려된다. 즉, 미생물 수를 통해 어떤 식품이 위생적으로 처리되었는지 아니면 수확·가공·저장 중에 부주의하게 취급되었는지 여부를 확인할 수 있는 지표가 되어 식품의 적절한 저장 방법과 유통 기한을 설정하는 데 많은 도움을 준다.

하지만, 미생물 분석 방법을 통해 식품 중에 존재하는 모든 미생물을 한꺼번에 측정할 수 있는 방법은 없다. 이는 한 가지의 미생물 배지와 배양 환경으로 모든 미생물을 배양할 수 없기 때문이다.

2 미생물 시료의 채취 및 취급

1) 채취방법

식품의 미생물시험에 있어서 가장 유의하여야 할 점은 검체의 채취 및 운반에 사용되는 기구 및 용기는 반드시 멸균된 것이어야 하며, 검체의 채취 및 운반 중 미생물의 증식이나 사멸을 방지하는 것이어야 한다. 따라서, 미생물 분석은 신속하고 정확한 방법으로 검체를 취한 후 이루어져야 한다. 여기서 검체란 검사대상으로부터 채취된 시료를 말하며, 검액은 시험분석에 사용되는 용액을 의미한다. 검채의 채취 및 취급은 다음 사항을 고려하여 진행해야 한다.

- 검체의 채취는 건열 및 화염 멸균한 기구 및 용기를 이용하여 반드시 무균적으로 행하여야 한다.
- 채취한 검체의 시험은 저온(5±3℃)에서 운반 및 보관하며, 가능한 신속하게 실험을 수행하여야 한다.
- 채취한 검체는 반드시 채취 일시, 검체 상태 및 검체 채취자 등의 내용을 상세히 기록해야 한다.
- 검체가 균질한 상태일 때에는 어느 일부분을 채취하여도 무방하나, 불균질한 상태일 때에는 일반적으로 많은 양의 검체를 채취하여 실험하는 것이 바람직하다(시료가 균질화되지 않으면 시료채취 부위에 따라 검사 결과가 달라지므로 가능한 한 검체를 잘 섞어 균질에 가깝도록 하여 채취하여야 한다).

- 곡분이나 분유와 같이 건조되어 쉽게 변질 또는 부패되지 않는 검체는 냉장상태에서 운반할 필요는 없으나, 2차 오염을 방지하기 위하여 밀봉 또는 밀폐해야 한다.
- 냉장 온도의 유지가 곤란한 경우 얼음의 사용이 가능하나 얼음이 녹은 물이 검체에 직접 접촉되어 2차 오염이 일어나지 않도록 하여야 한다.
- 시험에 사용되는 검체는 적당량의 멸균된 희석액과 혼합한 후 균질기(homogenizer 또는 stomacher)를 이용하여 균질화한 후 검액으로 사용한다.
- 칼·도마 및 식기류 등의 기구에서 [1]검체를 채취할 때에는 멸균한 탈지면을 멸균된 생리식염수를 적셔, 검사하고자 하는 기구의 표면을 완전히 닦아낸 다음 무균용기에 넣어 시험용액으로 사용한다.

2) 시험 용액의 제조

검체의 성질에 따라 다음과 같은 방법으로 시험용액을 조제하며, 미생물의 수가 적은 검체의 경우, 보다 신중히 취급하여야 한다.

○ **액상 검체**: 채취된 검체를 강하게 진탕하여 혼합한 것을 시험용액으로 한다.

○ **반유동상 검체**: 채취된 검체를 멸균 유리봉과 멸균 스파테르 등으로 잘 혼합한 후 그 일정량을 멸균용기에 취해 적당량의 멸균생리식염수와 혼합한 것을 시험용액으로 한다.

○ **고체 검체**: 채취된 검체의 일정량을 멸균된 가위와 칼 등으로 잘게 자른 후 멸균생리식염수를 가해 균질기를 이용해서 가능한 한 저온으로 균질화한다. 여기에 멸균생리식염수를 가해서 일정량으로 한 것을 시험용액으로 한다.

○ **고체표면 검체**: 검체표면의 일정면적(보통 100cm²을 멸균생리식염수로 습한 멸균 가제와 면봉 등으로 닦아내어 멸균생리식염수를 넣고 세게 진탕한 후 부착균의 현탁액을 조제하여 시험용액으로 한다.

---

1) 검체를 채취하는 방법인 Swab법은 0.85% NaCl 용액에 적신 멸균 면봉이나 거즈로 조리기구나 작업대 표면 100cm²를 닦은 후 이를 10ml의 멸균수에 넣고 진탕하여 표면 부착균의 현탁액을 시험용액으로 한다.

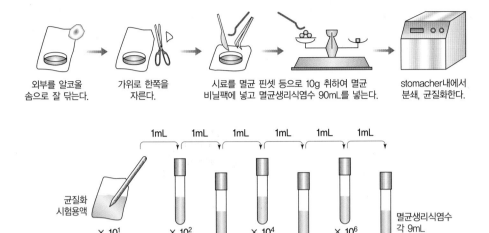

외부를 알코올 솜으로 잘 닦는다.

가위로 한쪽을 자른다.

시료를 멸균 핀셋 등으로 10g 취하여 멸균 비닐팩에 넣고 멸균생리식염수 90mL를 넣는다.

stomacher내에서 분쇄, 균질화한다.

1mL 1mL 1mL 1mL 1mL 1mL

균질화 시험용액

$\times 10^1$ $\times 10^2$ $\times 10^4$ $\times 10^6$

$\times 10^3$ $\times 10^5$ $\times 10^7$

멸균생리식염수 각 9mL

균질화 시험용액을 순차적으로 10배씩 희석한다.

그림 6-1 미생물 분석을 위한 고체검체의 채취

◉ 분말상 검체: 검체를 멸균 유리봉과 멸균 스파테르 등으로 잘 혼합한 후 그 일정량을 멸균용기에 취해 멸균생리식염수와 혼합한 것을 시험용액으로 한다.

◉ 버터와 아이스크림류: 40℃ 이하의 온탕에서 15분 내에 용해시켜 이에 멸균생리식염수를 넣은 것을 시험 용액으로 한다.

◉ 캅셀제 품류: 캅셀을 포함하여 검체의 일정량을 취한 후 멸균생리식염수를 가해 균질기와 스토마커 등을 이용하여 균질화한 것을 시험 용액으로 한다.

조제된 시험 용액에 대해서는 멸균생리식염수를 이용하여 필요에 따라 10배, 100배, 1,000배… 희석액을 만들어 사용한다. 시험용액의 조제 시 검체를 용기 포장한 대로 채취할 때에는 그 외부를 물로 씻고 자연건조시킨 다음 마개 및 그 하부 5~10cm의 부근까지 70% 알코올 탈지면으로 닦고, 화염 멸균한 후 냉각하고 멸균한 기구로 개봉, 또는 개관하여 2차 오염을 방지하여야 한다.

지방분이 많은 시료는 tween 80과 같은 세균에 독성이 없는 계면활성제를 첨가하는 것이 좋으며 냉동식품은 냉동상태의 검체를 포장된 상태 그대로 40℃ 이하에서 가능한 단시간에 녹여 용기, 포장의 표면을 70% 알코올솜으로 잘 닦은 후 상기의 방법으로 시험 용액을 조제한다.

3 미생물 분석 방법

미생물의 분석 방법은 크게 두 가지로 나눌 수 있다. 즉, 미생물 균수를 직접 평가하는 방법과 대사산물의 양, 효소 또는 효소반응 등을 통해 미생물의 생육과 수를 간접적으로 평가하는 방법이다. 직접적 방법에는 총균수 측정법과 생균수 측정법이 있으며, 이 방법들이 미생물을 분석하는 주된 방법이다.

1) 총균수 측정법

이 방법은 모든 미생물의 수를 측정하기 때문에 살아있는 미생물과 사멸된 미생물을 구별하지 못하는 단점이 있다. 사멸된 미생물은 미생물 평가를 통한 식품 평가에 도움이 되지 않기 때문에 이를 구별하지 못하는 것은 큰 단점이나 신속하게 미생물을 분석할 수 있는 점이 큰 장점이다. 직접 현미경을 통해 검정하는 방법과 전기적 신호를 이용한 기계적 방법이 있다.

(1) 직접 현미경법

① Breed법: 생균수를 측정하여 물체의 실상을 세밀하게 측정할 수 있는 관찰방법으로 미생물의 생균수를 정확하게 측정할 때 주로 사용되는 방법이다.

② Thoma 혈구계수기법: haematocytometer를 통한 계수측정방법으로 투명한 유리판에 0.1mm 구획을 짓고 평면(plane)에 1㎟로 구분지어진 9개의 선들로 이루어진다. 일반적인 계수측정방법으로 구석진 네 부분의 1㎟경계 구획은 백혈구를 계산하는 방법으로 활용되며, 그 외 중앙의 1㎟부분은 적혈구 수를 측정하는 방법으로 이용된다.

③ Harward 곰팡이 계수법: Harward 슬라이스에 시료를 떨어뜨려 관찰된 용액의 상태를 측정하는 방법으로 자낭균류, 담자균류, 접합균류 등의 균사의 단면을 측정하는 방법으로 활용되는 계수법이다.

(2) 흡광도 분석법

빛의 투과정도를 이용하여 물질을 분석하는 방법으로 단색화장치(Monochrometer)나 빛의 파장을 구분하는 필터를 활용하여 흡수된 빛의 강도를 측정하는 방법을 의미한다. 흡광도를 측정하는 방법들로는 광전광도계와 흡수셀, 광전분광광도계 등을 예로 들수 있으며 특히 농도가 낮은 시료의 액을 측정하는 방법으로 주로 사용되는 흡수셀은 파장영역을 측정하여 농도의 정도를 평가하는 측정 방법으로 석영, 플라스틱과 같은 재료들이 주로 이용된다.

(3) 광학적 분석법

시료의 현탁 농도에 의해 발생되는 빛의 분산도 혹은 현탁도(turbidity)를 측정하여 세포수를 측정하는 방법이다. 세포의 현탁액에 일정한 파장의 광선을 쪼이면 세포 입자에 의해 광선이 분산되므로 투과된 광량은 감소한다. 이때 투과된 광량을 분광기(spectrophotometer)로 측정하여 흡광도(OD, optical density)로 표시하거나 탁도계(nephelometer)로 측정하여 분산도로 표시한다. 이때 빛을 분산시키는 세포는 살아 있는 생균 외에 사멸한 균도 포함되기 때문에 총균 수를 측정하는 경우에 실행한다.

2) 생균수 측정법

식품 중 생균수 측정 방법은 미생물을 배지에 직접 배양하여 얻어진 균수를 직접 측정하는 것으로 주입 평판법, 도말 평판법 및 MPN법이 가장 대표적이나 최근에는 건조필름을 이용한 방법도 생균수 측정에 이용하고 있다.

(1) 도말법
① 주입 평판법(Pour plate method): 생균수를 측정하는 가장 일반적인 방법으로 전처

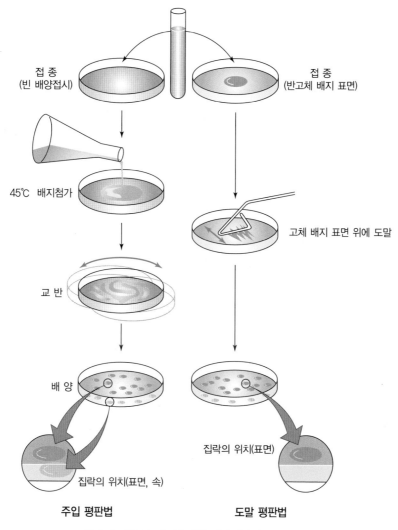

접종
(빈 배양접시)

접종
(반고체 배지 표면)

45℃ 배지첨가

고체 배지 표면 위에 도말

교 반

배 양

집락의 위치(표면)

집락의 위치(표면, 속)

주입 평판법

도말 평판법

그림 6-2 생균 수 측정을 위한 평면 배양법

리된 시료의 일부(1ml)를 멸균처리된 배양 접시에 주입한 후 미생물 배지가 잘 섞이도록
클린벤치(clean bench) 내에서 흔들어 굳힌 후 뒤집어 배양기에 증식시키도록 한다. 집
락(colony)의 수와 희석 배수를 곱하여 식품 1g에 속한 미생물의 균수를 측정하는 방법
이다. 미생물 배지는 미생물의 특성에 따라 선택하여 측정하는 것으로 배양시간과 온도
등을 알맞게 조절하여 세균수를 측정하는 방법으로는 표준한천배지(PCA : Plate Count
Agar)방법이 주로 사용된다. 이 방법은 실험 방법이 비교적 간단하며, 시료에 속한 미생

물의 농도와 관계없이 정확한 분석을 할 수 있으며 증식된 미생물을 순수분리하여 세밀하게 분석해낼 수 있다는 장점을 지닌다. 주입 평판법은 유통기한 설정과 해요인 평가 분석을 비롯한 식품의 미생물 오염원을 분석해 낼 수 있다는 점에서 널리 이용된다.

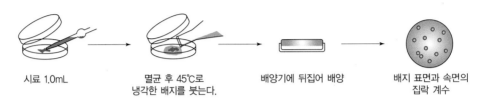

시료 1.0mL 　　　　 멸균 후 45℃로
　　　　　　　　　 냉각한 배지를 붓는다. 　　　 배양기에 뒤집어 배양 　　　 배지 표면과 속면의
　　　　　　　　　　　　　　　　　　　　　　　　　　　　　　　　　　　집락 계수

그림 6-3 주입 평판법에 의한 생균 수 측정

② 도말 평판법(Spread plate method): 미생물의 집락수와 희석 배수를 곱하여 시료 중의 미생물 수를 측정하는 방법으로 멸균처리된 배양 접시에 멸균 배지를 만들어 미리 굳혀 둔 표면에 미생물을 증식시키는 방법이다. 배양 접시에 희석된 시료의 일부를 떨어뜨린 후 콘라디봉이나 spreader 등을 이용하여 시료를 배지 위에 펼쳐 놓은 후 배양된 접시를 뒤집어 발육시키는 방법이다. 도말 평판법은 온도에 따른 변화가 비교적 적은 편으로 열에 민감하여 45℃ 정도의 배지를 유지시켜 측정 결과를 도출해 내는 주입 평판법보다 다양한 미생물을 증식시킬 수 있다는 장점을 지닌다. 특히 한천 배지 내부에서는 생육하는데 난점을 지닌 산소성 미생물을 측정할 때 도말 평판법이 많이 사용된다.

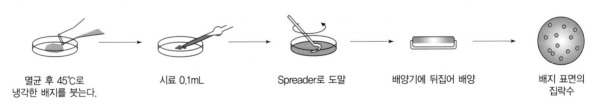

멸균 후 45℃로 　　　　　 시료 0.1mL 　　　　 Spreader로 도말 　　　 배양기에 뒤집어 배양 　　　 배지 표면의
냉각한 배지를 붓는다. 　　　　　　　　　　　　　　　　　　　　　　　　　　　　　　　　　집락수

그림 6-4 도말 평판법에 의한 생균 수 측정

3) 최확수 결정법

MPN(Most Probable Numbers)방법은 배지가 들어 있는 시험관에서 미생물을 생육할 때 각각의 희석비율당 보통 3~5개의 반복 시험관을 이용하여 미생물이 생육한 양성 시험관

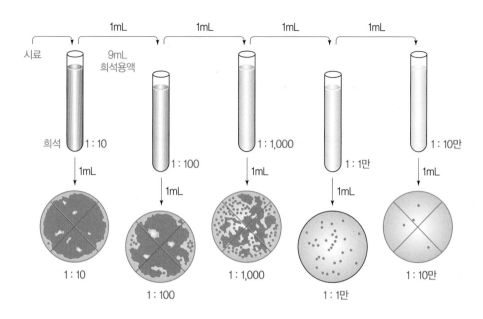

그림 6-5 희석법을 통한 생균수 계산

과 자라지 않는 음성 시험관 수를 확인한 후 표를 이용하여 미생물 수를 확률적으로 추정
하여 최확수로 표시하는 방법이다. 최확수법을 이용하기 위해서는 최소한 3단계의 희석
법이 필요하다. 시험관 중의 미생물 배지의 양은 중요하지 않고 첨가된 시료의 양이 중요
하다. 예로 각각 세 개의 시험관에 시료 10mL, 1mL, 0.1mL를 접종하여 배양한 경우를 생
각해보자. 그 결과 미생물이 자란 양성 시험관의 숫자가 각각의 접종에서 세 개, 한 개,
없음으로 나타났다면 표 3-1에서 최확수는 43이다. 즉, 시료 100mL에 43마리의 미생물이
존재하는 것이다. 5개의 반복 시험관을 이용하는 경우에는 이에 따른 최확수표를 이용하
여 최확수를 검정한다.

이 방법을 이용하기 위해서 특히 주의할 점은 오염에 특히 유의하여야 한다는 점이다.
실험과정 중 오염에 의해 실제와는 크게 다른 결과를 얻을 수 있기 때문이다. 또한 생육
의 평가는 배지를 함유한 시험관이 탁해지거나 가스가 생성된 것을 양성 시험관으로 평
가하는 방법을 사용한다.

MPN방법은 평판 배양법보다 쉽고 간단하다는 장점이 있다. 특히 시료에 미생물이 아
주 적은 경우에 유용하게 사용될 수 있다.

표 6-1　3단계희석(10, 1, 0.1mL)시험관을 세 개씩 시험하였을 때의 양성에 대한 최확수와 95%의 신뢰 한계

양성관수			MPN 100mL	MPN의 신뢰한계		B			MPN 100mL	MPN의 신뢰한계	
10mL씩 3개	1mL씩 3개	0.1m씩 3개		하한	상한	10mL씩 3개	1mL씩 3개	0.1m씩 3개		하한	상한
0	0	0		0		2	0	0	9.1	1.0	36
0	0	1	3		9	2	0	1	14	2.7	37
0	0	2	6			2	0	2	20		
0	0	3	9			2	0	3	26		
0	1	0	3	0.08	13	2	1	0	15	2.8	44
0	1	1	6.1	5		2	1	1	20		
0	1	2	9.2			2	1	2	27		
0	1	3	12			2	1	3	34		
0	2	0	6.2			2	2	0	21	3.5	47
0	2	1	9.3			2	2	1	28		
0	2	2	12			2	2	2	35		
0	2	3	16			2	2	3	42		
0	3	0	9.4			2	3	0	29		
0	3	1	13			2	3	1	36		
0	3	2	16			2	3	2	44		
0	3	3	19			2	3	3	53		
1	0	0	3.6		20	3	0	0	23	3.5	120
1	0	1	7.2	0.08	21	3	0	1	39	6.9	130
1	0	2	11	5		3	0	2	64		
1	0	3	15	0.87		3	0	3	95		
1	1	0	7.3		23	3	1	0	43	7.1	210
1	1	1	11			3	1	1	75	14	230
1	1	2	15	0.88		3	1	2	120	30	380
1	1	3	19			3	1	3	160		
1	2	0	11		36	3	2	0	93	15	380
1	2	1	15			3	2	1	150	30	440
1	2	2	20	2.7		3	2	2	210	35	470
1	2	3	24			3	2	3	290		
1	3	0	16			3	3	0	240	36	1,300
1	3	1	20			3	3	1	460	71	2,400
1	3	2	24			3	3	2	1,100	150	4,800
1	3	3	29			3	3	3	22,400	460	

4) 막투과법

여과막을 통해 투과된 균수를 측정하는 방법으로 실제로 존재하는 집락의 수를 측정할
수 있다는 점에서 장점을 지닌다. 막투과법은 미생물의 균수가 극히 미량일 때나 불순물
포함량이 적을 경우 사용될 수 있는 방법이다. 선책적 투과망을 이용하여 삼투압과 확산
작용 등을 통해 혼합물을 분리해 내는 방법이다.

5) 신속검사법

세균수 측정에 사용되는 배지를 준비해야 하는 번거로움 없이 접종시 바로 확인할 수 있

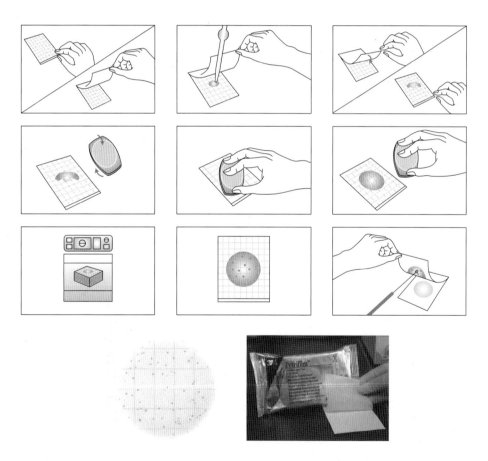

그림 6-6 건조필름을 이용한 생균 수 측정법

표 6-2 일반 세균 분석용 건조필름 제작용 배지 성분

물질명	중량
Pancreatic Digest of Casein	3.4g
Yeast Extract	2.4g
Sodium Pyruvate6.8 gDextrose	0.6g
Dipotassium Phosphate	1.3g
Monopotassium Phosphate	0.4g
Guar Gum	91.4g
2, 3, 5-Triphenyltetrazolium Chloride	0.0205g

는 실험방법이다. 배양기(incubator)에서의 생육기간을 거치지 않으므로 시간을 절약할 수 있으며 적은 공간에서도 활용할 수 있는 측정 방법이다. 신속검사법은 세균수 측정용 건조필름을 사용하는 데 그림 3-6과 같이 액체시료의 성분을 정확하게 측정하여 1L의 물에 용해시킨 후 물에 용해시킨 후 121℃에서 15분간 멸균하여 건조필름으로 제조된 것을 사용한다. 이 방법은 세균의 종류와 결과값이 다르며 사용되는 필름의 종류로는 대장균용, 살모넬라균용, 효모, 곰팡이용, 일반 세균용 페트리필름 등 다양하며 판독을 통해 세균의 성분을 판독할 수 있다는 점에서 효율적이다. 건조 필름법(dry film method 또는 petri film method)은 희석된 액체를 접종시킨 후 37℃에서 1~2일간 배양한 후 생성된 집락수에 희석 배수를 곱하여 나타낸다.

4 간접적 측정 방법을 이용한 미생물 분석

미생물의 생육을 측정하기 위해서 당의 발효, 전분의 분해, 황화수소의 생산, 질소의 감소 등과 같은 미생물의 대사 과정의 특징 또는 산물을 이용한다.

우선 미생물의 에너지 대사 과정 중의 산화 환원 전위를 전기적 방법으로 측정하거나 지시약 또는 염색시약을 사용하여 미생물의 생육에 따른 pH의 변화를 간접적으로 측정하는 방법이 있다. 지시약은 테트라졸리움 클로라이드(TTC)를, 염색시약으로는 메틸렌

블루(methylene blue)를 이용한다. 미생물 생육이 많을수록 지시약으로 전자가 많이 전달되어 색변화가 빨리 일어난다. 따라서 색의 변화만으로 미생물 수를 간접적으로 평가할 수 있게 된다. 한편 특정한 가스의 생산량으로 미생물 대사와 생육을 평가하는 방법도 있다.

또 교류 회로에서 전압과 전류의 비인 임피던스(impedance)를 이용하는 방법이 있다. 미생물은 대사에 의해 배지 중의 화학적 조성을 바꿔놓게 된다. 따라서 화학적 조성의 변화로 임피던스가 달라지므로 이를 측정하여 미생물의 존재를 측정하거나 미생물의 생육을 간접적으로 추정하는 것이다.

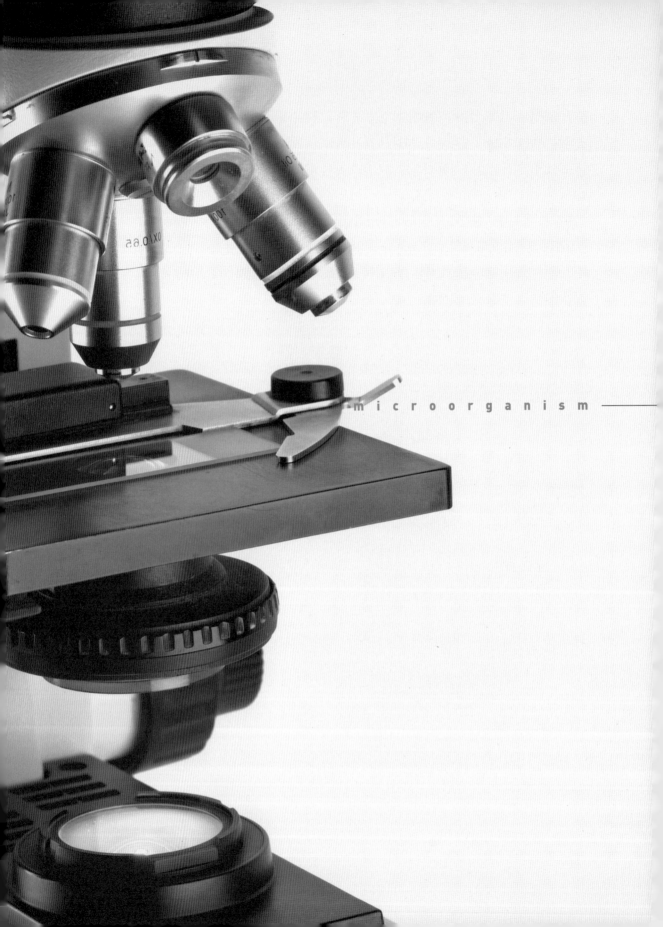

microorganism

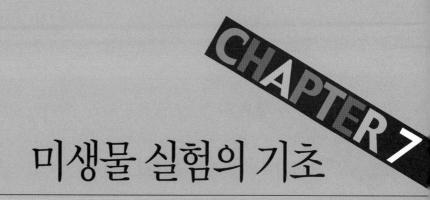

미생물 실험의 기초

CHAPTER 7

미생물 실험의 기초

1 미생물 실험의 준비

미생물 실험을 시행하기 전, 준비물 및 실험 과정 및 진행 시 주의해야 할 사항들은 다음과 같이 살펴볼 수 있다.

1) 미생물 실험 시 준비물

① 실험과정을 통해 획득된 정보를 기록하기 위한 도구(노트, 교재 등)을 준비한다.

② 안전 사고를 방지하기 위해 실험 전 반드시 실험복을 착용한다.

③ 실습과정에서 관찰되는 정보를 기록하기 위한 영상 기록 장치를 준비한다.

2) 미생물 실험 시 주의사항

① 실험대 및 실험 주위의 환경은 항상 청결한 상태를 유지한다.

② 미생물 실험 중 사용하는 초자 기구를 비롯한 어떠한 용품도 입에 넣어서는 안 된다.

③ 실험 종료 후에는 반드시 손을 세제 또는 소독수로 세척한다.

④ 실험에 사용한 기구 및 시약은 반드시 제자리에 놓는다.

⑤ 실험실 내에서의 안전사고 방지를 위해 항상 정숙을 유지한다.

⑥ 실험 중 입은 상처는 아주 작은 상처일지라도 실험 조교 및 담당 교수에게 보고한 후 후속조치를 취한다.

⑦ 실험실 내에서 배양된 미생물의 반출 시에는 반드시 조교와 담당 교수의 허락을 받아야 한다.

⑧ 인화성 시약의 취급 시에는 화재에 주의한다.

⑨ 실험 종료 후 퇴실 시에는 전열기구, 전등, 가스 및 수도를 잠갔는지 확인한다.

2 미생물 실험 기구

1) 접종 기구

접종(inoculation)이란 미생물들이 증식할 수 있는 배지에 미생물 개체(inoculum)를 심는 것을 의미하는 것으로 접종에 사용되는 도구는 아래의 그림과 같다.

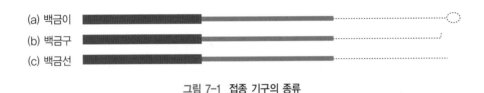

(a) 백금이
(b) 백금구
(c) 백금선

그림 7-1 접종 기구의 종류

① 백금이

백금봉의 끝에 백금선을 연결하고 백금선의 끝에 직경 2~3mm의 둥근 원을 만든 것으로, 주로 균체를 이동시킬 때 사용한다. 즉, 액체, 사면, 평판배지 등에 균주의 접종(inoculation) 및 도말(smearing) 시에 이용한다. 백금이(loop)를 만든 다음 물에 담근 후 꺼냈을 때 끝의 링 속에 수막이 형성되는 백금이는 잘 만들어진 것이며, 링에 틈이 있다면 수막이 형성되지 않는 것으로 다시 제작해야 한다.

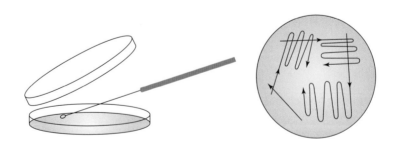

그림 7-2 백금이를 이용한 획선도말

② 백금선

직경이 약 1mm되는 백금과 니켈의 합금을 주로 사용하며, 길이는 약 5~7cm 정도 된다. 백금선(needle)은 주로 균총이 작은 세균의 이식이나 고층배지의 천자접종(stab inoculation)에 이용된다.

③ 백금구

백금구(went wire)는 백금선의 끝을 직각으로 구부린 것으로 포자 등의 접종에 주로 사용한다.

④ 백금이, 백금구 및 백금선의 화염멸균

백금이와 백금선은 사용 전·후에 반드시 화염멸균을 해야 한다. 백금이, 백금선의 멸균법은 우선 니크롬선의 끝부분이 붉은 색을 띨 때까지 가열한 후 수직으로 세워 자루 부분을 천천히 화염에 통과시킨다. 백금이 또는 백금선의 끝부분에 균체 덩어리가 있을 때, 이것을 바로 가열하면 균체가 주변으로 날아가 오염될 우려가 있으므로 끝부분을 속불꽃에서 가열하여 수분을 증발시킨 후 전체를 바깥 불꽃에서 다음과 같이 화염멸균한다.

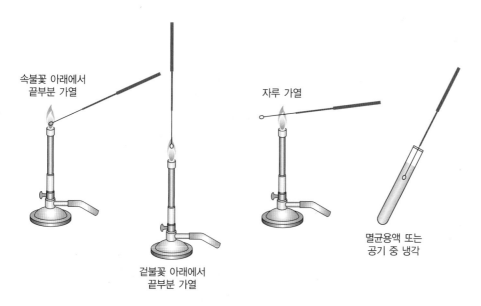

그림 7-3 **백금이 또는 백금선의 화염멸균**

⑤ 백금이 및 백금선의 냉각

화염멸균 후 백금이는 공기 중에서 흔들어 어느 정도 냉각시킨 다음 배지의 가장 자리 부분에 접촉하여 완전히 냉각하는 것이 바람직하다. 고온의 백금이를 배지에 접촉할 경우 순간적으로 녹은 배지가 표면으로 튀어 나와 미생물의 성장에 의한 집락(colony)과 혼동할 우려가 있으므로 주의해야 한다.

2) 초자 기구

초자 기구란 대부분의 실험실에서 사용하는 유리재질로 된 실험도구를 말하며 물체의 보관, 이동 및 측정의 용도로 사용된다. 초자 기구 사용 시에는 다음의 사항에 유의해야 한다.

기구사용 시 주의사항

- 사용목적에 알맞은 초자 기구를 사용한다.
- 강한 충격에 의한 유리의 파손으로 인하여 신체 손상을 입지 않도록 유의한다.
- 사용 후 반드시 세제로 세척한 후 정해진 장소에서 건조한다.
- 초자 기구를 가열한 후 바로 손으로 만지지 않는다.
- 부피 측정에 사용되는 초자 기구는 반드시 자연상태에서 건조한다.

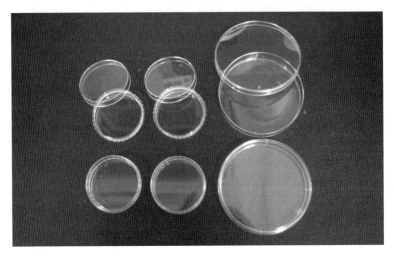

그림 7-4 배양 접시

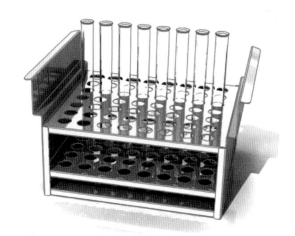

그림 7-5 시험관과 시험관 대

① 배양 접시

주로 평판배양(plate culture)에 사용하는 것으로 흔히 샬레(shelle)라고도 한다. 유리재질의 재사용이 가능한 것과 살균된 1회용의 플라스틱 재질의 2종류가 있다. 유리재질의 배양접시(petri dish)는 재사용할 경우 중성세제로 세척한 후 건조기에서 수분을 완전히 제거한 다음에 사용해야 하며 플라스틱 재질의 1회용 배양접시의 경우 미생물 배양 후 반드시 가압증기 멸균 후 폐기물 박스에 넣어 폐기해야 한다. 배양 접시의 일반적인 크기는 보통 90×15mm(지름×높이)이나 다양한 크기의 배양 접시가 있다.

② 시험관

시험관(test tube)은 일반적으로 밑이 둥글고 대부분 유리 재질로 되어 있으며 간단한 실험이나 미생물의 희석 시 이용하는 것으로 크기는 보통 외경이 18mm, 길이가 170mm 크기의 것을 가장 많이 사용한다. 사면배지(slant media)나 고층배지(stab media) 제조에 많이 사용되며, 균의 보존 및 운반에도 사용된다. 시험관을 고정시키기 위한 보조기구로는 시험관대(test tube rack)를 사용하여 세울 수 있다.

③ 플라스크

플라스크(flask)는 배지의 멸균이나 보관에 사용하는 기구로 열처리가 수반되는 경우가 많아 보통의 유리재질인 연질유리보다 녹는점과 경도가 높은 경질유리가 좋다. 보통 플라스크를 이용하여 배지를 멸균할 경우 배지 제조 용량의 2배 이상의 부피를 가진 플라스크를 사용하는 것이 일반적이며, 배양하려는 균의 특성이나 성상에 따라 플라스크를 선택해야 한다(그림 7-6).

④ 피펫

피펫(pipette)은 일정량의 배지제조, 미생물의 이식, 균수 측정 등에 사용되는 액체 채취용 초자기구로, 사용하는 용량이나 그 형태에 따라 홀피펫(hole pipette), 매스피펫(mass pipette), 마이크로 피펫(micro pipette) 등이 있으며 미생물 실험에서 주로 사용되는 피펫은 1mL 또는 그 이하의 작은 양의 액체를 취할 수 있는 마이크로피펫을 가장 많이 사용한다.

⑤ 콘라디봉

콘라디봉(bend glass)은 평판배양법에서 배지의 표면에 미생물을 고르게 펴는 데 사용되

   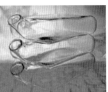

(a)flask　　　　　(b)loo flask　　　　　(c)fernbach flask　　　　　(d)penicillin culture flask

그림 7-6 플라스크의 종류

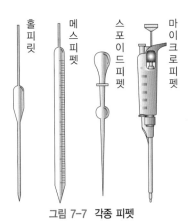

홀피릿　메스피펫　스포이드피펫　마이크로피펫

그림 7-7 각종 피펫

그림 7-8 일회용 피펫

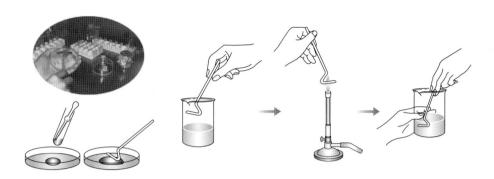

그림 7-9 **콘라디봉과 멸균방법**

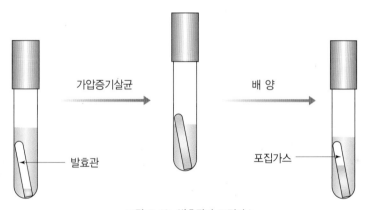

그림 7-10 **발효관과 포집가스**

는 초자기구로 도말평판법(spread plate method)을 이용한 미생물 수 측정에 이용한다. 콘라디봉의 멸균은 알코올용액에 담궈 1차적으로 간단히 세척한 후, 알코올램프 또는 분젠버너의 불꽃을 이용하여 화염멸균한 다음 냉각하여 사용한다.

⑥ 발효관

다람관이라고도 하며 안지름은 6mm, 길이는 30mm의 한쪽 끝이 막힌 원형관으로 주로 대장균군의 정성실험에 사용하는 초자 기구이다. 발효관(durham tube 또는 smith tube)은 균체가 포함된 액상의 배지에 뒤짚어 넣어주면 된다. 이 과정에서 발효관 안의 빈 공간이 생기게 되는데 이 빈 공간은 가압증기살균 후 자연적으로 제거된다. 발효관은 미생물의 생육 과정에서 발생되는 가스를 포집하는 것으로 가스생성의 유무를 판정할 수 있다. 대장균군의 경우 포도당을 이용하여 산과 가스를 생성하므로 이 같은 발효관을 이용한 가스생성 유무 실험을 통하여 대장균군의 정성 실험에 활용되고 있다.

3) 미생물 실험용 장치

① 배양기

배양기는 미생물 배양 시 미생물이 잘 성장할 수 있도록 온도를 일정하게 유지해 주는 장치로, 일반적으로 곰팡이는 30℃, 효모는 25℃, 세균은 30~37℃에서 배양한다. 배양기 내부에는 온도조절기가 부착되어 자동으로 온도를 조절할 수 있다. 배양기를 사용할 때 문을 자주 열면 온도가 변하므로 각별히 신경을 써야 하며, 냉각 장치가 포함되어 있지 않은 배양기의 경우, 설정온도가 맞지 않을 수 있으므로 항상 배양기의 온도를 확인해야 한다.

그림 7-11 배양기(Incubator)

② 가압증기살균기

가압증기살균기는 고온, 고압의 증기를 이용 미생물 실험에 사용되는 초자 기구 또는 배지의 멸균에 사용되는 장치로 이 장치에는 내부의 압력을 나타낼 수 있는 압력계, 온도계 및 타이머가 부착되어 있다.

③ 건열건조기

건열건조기는 세척 후 초자 기구의 멸균 또는 건조의 용도로

그림 7-12 가압증기 살균기 (Autoclave)

사용되며 건열 멸균에도 이용된다. 가압증기살균 후 초자기구의 표면에 응축되어 있는 수분에 의하여 오차가 발생할 수 있기 때문에 실험에 사용할 초자기구의 멸균 후에는 건열건조기를 이용하여 초자기구 내·외부의 수분을 제거해 주어야 한다. 건열건조기 중에는 감압상태에서 건조속도가 빨라진다는 원리를 이용한 진공건조기(vacuum dry oven)도 있다.

그림 7-13 건열건조기(Dry oven)

④ 항온 수조

온도를 일정하게 유지시켜 주는 장치로 미생물 실험에서는 한천배지의 냉각 시 일정한 온도 이하로 떨어지는 것을 방지할 수 있다. 가압증기살균 후의 배지가 담긴 플라스크를 공기 중에서 70℃ 정도로 식힌 다음 이를 45℃ 정도로 미리 설정해 놓은 항온수조(water bath)에 담가두면 주입평판법에 적당한 온도로 배지의 상태를 유지할 수 있다.

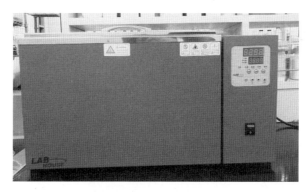

그림 7-14 항온 수조(Water bath)

⑤ 교반기

액체 중의 고형분을 보다 효과적으로 용해 또는 섞기 위한 장치로 대부분의 실험실에서는 자석식 교반기(stirrer)를 주로 사용한다. 교반기 표면의 판에 가열 장치를 포함하고 있는 가열식 교반기(hot plate stirrer)도 있어 용해하는 과정에서 열을 가하여 용해를 촉진시키기도 하며, 끓여서 멸균하는 배지의 가열 용도로도 사용한다. 자석식 교반기를 사용

그림 7-15 자석식 교반기　　　　　　　　그림 7-16 볼텍스 믹서

하기 위해서는 액체 중에 자석 막대(magnetic bar)를 넣어야 자력에 의한 액체의 혼합이 이루어진다. 이 외에 시험관 안의 액체를 혼합하기 위한 교반기로 볼텍스 믹서(vortex mixer)가 있다. 볼텍스 믹서는 진동하는 믹서로 상하 좌우로 회전하면서 진동하는 판 위에 액체 튜브나 시험관을 접촉하면 내부의 액체가 소용돌이를 일으키면서 섞이게 한다.

⑥ 균질기

균질기(homogenizer 또는 stomacher)는 비교적 큰 크기의 입자를 기계적인 힘을 이용하여 작게 만드는 장치로 미생물 실험 중 실험 용액의 제조 시 검체를 고르게 섞는 균질화의 역할을 한다. 균질기는 주로 액상에서 물에 불용성인 성분이 있는 경우에 사용된다. 만일 시료가 고체이거나 액체용 균질기의 사용이 곤란한 경우에는 샘플백에 넣은 다음 전용 믹서기를 이용하여 혼합한 다음 검체로 사용한다.

그림 7-17 균질기, 샘플백 및 샘플백 혼합기

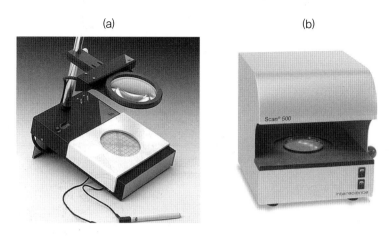

(a) (b)

그림 7-18 (a) 수동식 집락 계수기, (b) 자동 집락 계수기

⑦ 집락계수기

집락 계수기(colony counter)는 미생물 배양 후 형성된 집락의 수를 세는 장비로 확대경
과 계수기 및 조명의 세 부분으로 구성되어 있다. 눈으로 직접 집락을 확인하면서 수를
세는 수동방식과 내장된 센서장치에 의해 집락이 카운팅 되는 자동방식의 계수기가 있
다. 수동 집락 계수기는 확대경과 조명 장치로 구성되어 있어, 페트리 접시를 1cm²의 구획
이 그려진 조명판 위에 올려놓고 확대경을 통해 눈으로 직접 계수한다. 최근에는 보다 효
과적이고 빠르게 집락의 수를 계수할 수 있도록 자동 집락 계수기를 많이 이용하고 있다.
자동 집락 계수기에는 고해상도의 카메라가 내장되어 있어 집락의 크기 또는 색깔 등 원
하는 조건에 맞추어 집락의 수를 단 몇 초만에 자동으로 계수할 수 있다. PC와 연결하여
사진을 얻을 수도 있고 결과 데이터를 엑셀로 저장하거나 바코드 리더(bar-cord reacer)
와 연결하여 많은 수의 배양접시 결과를 효과적으로 정리할 수도 있다.

3 멸균법

모든 미생물 실험에서 가장 중요한 것은 무균 조작이다. 따라서 미생물 실험에 사용되는 기
구 및 배지는 멸균 처리를 해야 하며 모든 미생물 실험과정은 무균적으로 행해져야 한다.

1) 멸균을 위한 준비

피펫은 피펫 멸균통에 넣거나 약 2cm 폭으로 자른 종이로 피펫 외부가 노출되지 않도록 말아서 그 끝을 풀이나 멸균테이프를 이용하여 붙인다. 배양 접시는 3~5개씩 신문지에 포장한 다음 멸균통에 넣어 준비하며, 시험관이나 삼각 플라스크 등의 초자기구류는 그 내경에 따라 적당한 크기의 탈지하지 않은 솜을 거즈로 싼 후 마개를 하여 둔다. 시험관 입구를 막는 솜마개는 적당한 길이로 시험관 내부와 외부에 적당하게 들어가고 나와 있어야 하며, 또한 관 바깥 부분을 잡아 시험관이 떨어지지 않을 정도로 꼭 막는 것이 좋다. 최근에는 솜 대신 스크류 마개(screw cap), 고무 마개(rubber cap), 알루미늄 마개(aluminum cap) 등이 이용되고 있으며 플라스틱 재질의 일회용으로 제작된 피펫이나 배양접시를 구입하여 사용해도 된다.

2) 화염멸균

화염 멸균(flaming sterilization)이란 알코올 램프, 토치 또는 분젠 버너(bunsen burner) 등의 화염을 통해 멸균하는 방법으로 주로 백금이, 백금선 또는 콘라디봉과 같은 접종기구나 시험관 입구, 면전 등을 램프의 불꽃에 직접 접촉하여 멸균하는 방법이다.

3) 건열멸균

주로 유리초자 기구의 멸균에 이용되는 방법이다. 멸균하고자 하는 재료를 건조기(dry oven)에 넣어 150~160℃에서 30~60분간 유지한다. 멸균기 내의 온도가 100℃ 이하로 떨어질 때까지 기다려 멸균기의 문을 열어 내용물을 꺼낸다. 건열멸균(dry heat sterilization) 시 멸균테이프를 이용하면 멸균 효과의 판정은 용이하지만, 솜 마개나 유리기구를 싼 종이의 색이 엷은 갈색으로 변하면 멸균된 상태라고 보아도 된다.

A. 피펫(pipette)

낱개일 때: 종이포장

다수일 때: 피펫 멸균통
에 넣어 멸균한다.

솜마개를 한다.   신문지를 좁게   피펫를 비슷하게 놓고   끝을 풀로 붙인다.
             잘라 끝을 접는다.   종이로 말아 싼다.

B. 배양접시(petri dish)

 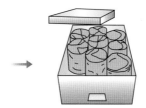

3~5개씩 신문지에   배양접시 멸균통에
포장한다.   넣는다.

C. 시험관(test tube)

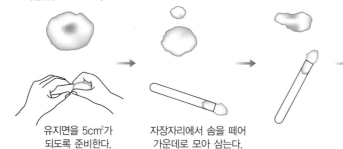

유지면을 5cm²가   자장자리에서 솜을 떼어
되도록 준비한다.   가운데로 모아 싼다.

D. 자기(porcebin)

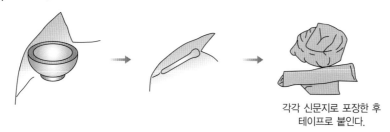

각각 신문지로 포장한 후
테이프로 붙인다.

그림 7-19   가구의 멸균을 위한 포장

- 멸균하려는 물체를 건열멸균기에 넣을 때 내벽에 접촉하지 않도록 한다. 특히 종이나 솜마개 같은 것은 벽에 접촉하면 멸균 조작 중에 연소하는 경우가 있으므로 주의한다.
- 건조기의 온도는 가급적 200℃ 이상 올리지 않는다.
- 건조기의 문은 온도계가 100℃ 이하로 되었을 때 연다. 이보다 높은 온도에서 열면 급격한 온도변화로 인하여 유리기구 등이 파손되기 쉽다.
- 건조기 상단의 배기구는 휘발성 물질의 폭발 위험성이 있으므로 항상 개방되어 있어야 한다.

- 사용 시에는 반드시 멸균기 속의 가열코일에 물이 충분히 채워있는 지 확인하고 물이 적을 때는 보충해 준다.
- 멸균시간을 정확히 한다. 특히 배지를 멸균할 때는 너무 과열되거나 멸균시간이 길어지면 배지 성분이 분해되어 균이 발육하지 않을 때가 있다.
- 멸균시간은 약 15~20분으로 되어 있으나, 이는 내용물의 다소에 따라 조절해야 한다.
- 멸균이 완전히 되었는지 여부는 완전 멸균 시 색이 변하는 멸균테이프 등을 이용하면 알 수 있다.
- 종이 마개 또는 솜 마개를 한 용기를 멸균할 때 수증기에 의해 마개가 젖으면 잡균이 부착하기 쉬우므로 유산지 또는 알루미늄 포일 등으로 마개 부분을 덮어서 종이마개나 솜이 수분을 흡수하는 것을 방지하여야 한다.
- 내용물을 꺼낼 때는 온도의 눈금이 100℃ 이하, 압력게이지의 압력이 완전히 떨어졌음을 확인한 후에 꺼낸다. 이때는 배출구를 열어서 멸균기 내의 수증기를 완전히 배출시킨 다음에 뚜껑을 열고 내용물을 꺼낸다. 온도가 100℃ 이상일 때 배출구를 열면 압력의 급격한 저하로 인해 내용물이 비등하여 용기 밖으로 새어 나오는 경우가 있으며, 알루미늄 포일과 같은 간단한 마개는 열리는 수가 있으므로 주의한다.

4) 가압증기멸균

가압증기멸균(high pressure steam sterilization, autoclaving)은 가압증기살균기를 이용하여 수증기 아래에서 미생물 또는 배지를 살균하는 장치로서 고온·고압에 변질, 분해되지 않는 모든 배지류나 건열멸균이 곤란한 기구 등의 멸균에 이용되는 멸균법으로 밀폐상태의 가압증기살균기(autoclave)에서 121℃, 1.5 kg/cm²에서 15~20분간 처리한다. 이때 고온에서 파괴되거나 변성을 일으키기 쉬운 성분들은 간헐 멸균을 실시한다.

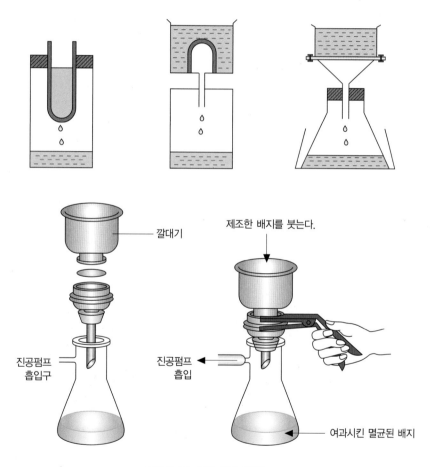

그림 7-20 각종 여과제균법

5) 여과제균

가열에 의하여 영향을 받는 물질을 함유한 용액의 멸균을 하는 경우 사용하는 방법으로
세균의 크기보다 작은 필터를 이용하여 세균을 거르는 조작이다. 여과 제균(filtration)에
사용되는 여과기에는 규조토 여과기의 일종인 베르케필드 여과기, 도자기를 된 챔버랜드
여과기 석면의 여과판을 가진 사이츠 여과기 등이 있으며 셀룰로오스, 아세테이트 막으

여과제균 시 주의사항

- 재료는 미리 여과지로 여과하거나 원심 침전 등에 의해 침전물을 일차로 제거한 것을 사용한다.
- 여과기의 장치는 반드시 사전에 멸균한 것을 사용해야 한다. 여과 장치의 유리기구와 금속 부분
  등은 통상적으로 유산지에 싸서 고압 멸균한다.
- 혈청과 기타 점조성이 있는 액체를 여과할 때는 멸균 증류수 또는 멸균 생리 식염수 등을 통과
  시켜 젖은 상태에서 실시한다.
- 흡인할 때 진공펌프를 사용하는 경우에는 20~30mmHg 정도의 감압이 적당하다. 흡인이 너무
  강하면 거품을 일으키며, 너무 약하면 여과 시간이 길어진다.
- 여과는 가능한 단시간에 행하여야 한다.
- 베르케필드 및 챔버랜드 여과기는 사용 후에 석탄산수로 충분히 소독한 후에 여과할 때와는 반
  대 방향으로 물을 통과시켜 충분히 세척한 다음에 건조한다.
- 흡인 여과인 경우에는 진공펌프와 흡인병 사이에 역류방지장치(trap)를 사용한다.

그림 7-21 무균작업대

로 된 막여과기 등이 있다.

6) 화학제를 이용한 멸균

① 에틸렌옥사이드 가스 멸균

증기 멸균을 할 수 없는 습기나 열에 약한 물품의 멸균에 사용되는 저온멸균방법이다. 에틸렌옥사이드(Ethylene oxide) 가스는 미생물의 단백질과 핵산에 침투하여 미생물을 사멸시킨다. 하지만 에틸렌옥사이드 가스 자체가 인간에 치명적인 영향을 줄 수 있으므로 멸균 후 장시간 동안 공기정화를 시행하여야 한다. 에틸렌옥사이드 가스는 저온멸균이 가능하고 물품에 손상이 적으며 긴 튜브 형태로 복잡한 형태의 물품도 멸균이 가능하며 유기물질에 의한 살균력의 손상을 적게 받는 장점을 가지고 있으나, 잔여가스가 인체에 유해하며 비용이 상당히 비싸고 멸균 시간이 길고 습도에 민감한 단점도 가지고 있다.

② β-프로피오락톤에 의한 멸균

β-프로피오락톤(β-propiolactone)은 20℃에서 투명한 액체로 온도가 상승하면 기화한다. 보통 냉장고에 보관하며 가연성은 없으나 매우 자극적이어서 피부 접촉 시 몇 분 안에 수포를 형성한다. 그러나 실온에서 쓸 수 있는 장점이 있으며 에틸렌옥사이드와 같은 침투력이 없기 때문에 수술실, 연구실 등의 건물과 가구, 냉장실 등을 훈연법으로 소독할 때 사용할 수 있다. 특히 β-프로피오락톤은 액체 상태로 소아마비의 원인인 폴리오(polio)뿐만 아니라 광견병 바이러스와 세균 아포 등을 사멸할 수 있어 바이러스, 백신, 혈장, 기타 생물학 제품과 이식용 조직도 영향을 받을 수 있다.

7) 자외선 조사 멸균

무균작업대(clean bench)의 멸균에 사용되는 대표적인 멸균 방법으로 자외선의 파장에 따라 멸균 정도가 다르다. 가장 살균력이 강한 파장은 260~280nm로 무균작업대 표면에 부착된 곰팡이 및 기타 미생물을 멸균하는 데 이용되며, 공기 중에 있는 미생물을 파괴시킬 목적으로 사용한다. 이때 자외선 전구를 사용할 경우 전구를 직접 보면 눈에 통증이 오거나 결막염 증상을 일으킬 수 있으므로 주의해야 한다.

8) 화학적 소독법

① 승홍수(HgCl₂)

보통 0.1%의 수용액으로 사용하며 영양 세포들은 수 분 내에 사멸한다. 주로 손 등의 소독에 쓰이며, 금속제와 고무류의 소독에는 쓰이지 않는다.

② 에탄올(ethanol)

가장 일반적으로 많이 사용되고 있는 소독제로 70%의 수용액이 살균력이 가장 강하고, 미생물 실험 전 손의 소독이나 동물의 주사, 국소소독, 코르크 마개의 소독에 사용된다.

③ 페놀 용액(석탄산)

균체 단백질을 변성시켜 세포를 용해시키는 작용을 하며, 3~5%의 수용액으로 포자의 살균이 가능한 용액이다. 의류나 세균실험을 한 실험대 소독에 사용되며 피부에 흡수되어 지각신경을 마비시키는 작용을 하므로 손의 소독에 적합하지 않다.

④ 양성 비누

양성 비누(역성 비누; cationic soap, invert soap)는 보통 비누와는 반대로(+)로 하전된 계면활성제로서 손, 배양 초자기구, 조리대, 식기, 고무제품 등의 소독에 사용된다.

4 배양 배지

1) 한천

배양 배지(culture media)는 실험실에서 미생물이 자라는 성분을 지닌 영양적 환경으로 미생물들은 그 생육에 필요로 하는 영양 성분이 매우 다양하다. 한마디로 요약해 말하면 모든 미생물의 생육에 적합한 특정 배양배지는 없다.

　　배양 배지는 액체 형태(broth type)와 반고체 형태(semi-solid type)의 두 가지를 들 수 있다. 보통 한천(agar)이 첨가되지 않은 스프 형태의 액체 배지를 브로스(broth media)라

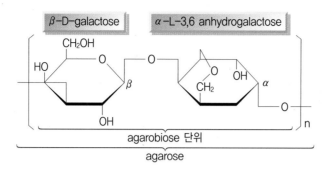

그림 7-22 한천의 구조

고 하며, 한천이 첨가되어 액체와 고체의 중간적인 성질을 지닌 반고체 배지를 한천 배지 (agar media)라 한다. 한천 배지는 홍조류에서 추출한 한천(agar)의 건조분말을 함유하고 있다. 한천은 화학 구조적으로 보통 황산기를 지닌 뮤코다당류(muco polysaccharide)이며, 단단한 겔을 만들기 위해서 보통 1.5% 농도로 사용되지만 특별한 목적을 위해 반고체 한천배지나 묽은 한천 배지를 만들려면 더 낮은 농도로 사용하기도 한다.

한천 배지는 배양 접시에 부어 한천 평판 배지를 만들거나 시험관에 부은 다음 기울기를 준 상태에서 굳혀 사면배지 또는 고층배지로 만든다.

반고체 상태(겔상태)를 만드는 성질을 지녀 미생물 배양 배지에 사용되는 한천은 다음과 같은 성질을 가진다.

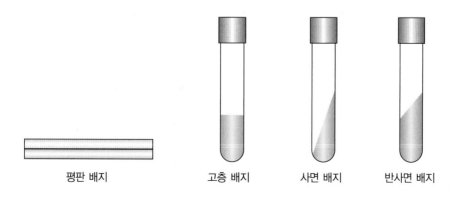

| 평판 배지 | 고층 배지 | 사면 배지 | 반사면 배지 |

그림 7-23 한천 배지 만드는 법

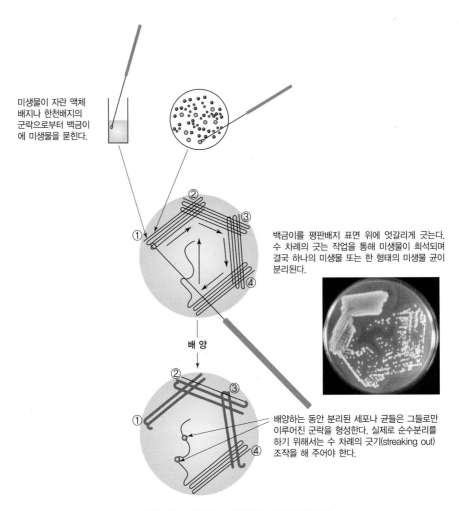

미생물이 자란 액체 배지나 한천배지의 군락으로부터 백금이에 미생물을 묻힌다.

백금이를 평판배지 표면 위에 엇갈리게 긋는다. 수 차례의 긋는 작업을 통해 미생물이 희석되며 결국 하나의 미생물 또는 한 형태의 미생물 균이 분리된다.

배 양

배양하는 동안 분리된 세포나 균들은 그들로만 이루어진 군락을 형성한다. 실제로 순수분리를 하기 위해서는 수 차례의 긋기(streaking out) 조작을 해 주어야 한다.

그림 7-24 미생물 순수분리를 위한 긋기 방법

■ 낮은 농도에서도 높은 겔의 강도를 갖는다. 높은 농도의 한천이 들어가면 수분활성이 낮아져 미생물의 증식을 방해할 수 있는데 미생물의 증식에 방해를 주지 않는 낮은 농도에서도 충분히 높은 겔 강도를 나타낸다는 것을 의미한다.

■ 사용되는 농도에서 겔이 단단하여 미생물들이 표면에서 충분히 번져 나갈 수 있어서 순수 배양을 할 수 있다.

■ 한천배지는 배양온도 범위 이상에서도 고체 상태를 유지한다. 1.5% 한천은 32~39

℃에서 단단한 겔을 형성하지만, 한번 굳으면 85℃ 이하에서는 녹지 않아 85℃까지
도 배양이 가능하다.

- 미생물이 손상을 입지 않는 온도인 40~45℃ 정도로 냉각한 녹아있는 한천배지에 미
생물을 접종할 수 있어서, 이런 방법으로 붓기(pouring plate) 작업을 할 수 있다.
- 한천은 단지 몇몇 해양세균들에 의해 영양소로 이용되나 대부분이 미생물들에 의해
분해되는 경우는 거의 없다.

미생물학의 초기에 배양 배지를 굳히는 고형제로 동물의 결합조직에서 추출한 가용성
단백질인 젤라틴을 사용하였다. 젤라틴은 상온(20℃)에서 고체상태를 유지하나 28℃ 또
는 그 이상이 되면 녹아 액체 상태가 되는 특징을 지니고 있다. 또한 젤라틴은 단백질 분
해효소를 생산하는 미생물들에 의해서 분해되어 저분자화되어지면서 액체가 되기도 한
다. 고체배지를 위한 겔 형성제로서의 한천은 이런 문제들을 해결해 주었으며 실험실에
서의 미생물의 분리와 배양에 큰 도움을 주었다. 1887년 페트리(Petri)에 의해 발명된 배
양접시와 함께 여기에 부어 쓸 수 있는 한천의 등장은 긋기(streaking out)라는 조작에 의
해 혼합된 미생물 집단으로부터 각각의 미생물을 분리할 수 있도록 해주었다(그림 2-12).

이 기술은 식품 미생물학에서 병원균과 지표(indicator)들을 분리하고 동정하는 특정
미생물의 순수 분리배양에 필수적이다. 또한 환경 오염물질이나 식품의 부패와 관련된
미생물의 동정(identification)을 포함하는 식품 미생물학에서의 연구 또한 순수배양이 요
구된다.

2) 미생물 배양 배지의 주요 성분

모든 배양 배지의 주성분은 물과 한천을 제외하고, 펩톤(peptone), 효모추출물(yeast
extract), 육즙(beef extract) 중의 한 가지 또는 그 이상을 포함한다.

① 펩톤

펩톤(peptone)은 단백질을 가수분해시켜 얻은 수용성 단백질 분해물로서, 유리 아미노
산들과 펩타이드(peptide), 프로테오스(proteose)와 같은 수용성의 함질소 화합물로 구
성되어 있다. 펩톤을 제조하는 단백질 원료는 육류와 우유 단백질인 카제인(casein), 젤

라틴(gelatin), 그리고 대두(soybean)를 이용한다. 이 단백질들을 염산이나 트립신(trypsin) 또는 펩신(pepsine) 같은 효소를 이용하여 가수 분해하여 제조한다. 아미노산, 펩타이드, 프로테오스는 미생물에 의해 흡수되어 질소원이나 탄소원 또는 두 가지 모두에 이용된다. 펩톤에는 이들 외에도 비타민, 미네랄, 퓨린(purine), 피리미딘(pyrimidine) 등이 들어 있다.

② 효모추출물

식용 효모 내에 원래 존재하는 효소 또는 식품용 효소류의 첨가에 의해 폴리펩타이드 결합이 가수 분해되어 만들어지는 효모추출물(yeast extract)은 기본적으로 비타민 B군을 공급한다. 그 외에도 효모 추출물에는 퓨린, 피리미딘, 아미노산과 같은 단백질 분해물, 그리고 미네랄 등이 들어 있다.

③ 육즙

육즙(beef extract)은 소고기 추출물이라고도 하며, 각종 아미노산과 미생물의 생육에 필요한 생육인자(growth factor) 및 미네랄을 다량 함유하고 있어 다양한 미생물들이 보다 잘 자라도록 해준다.

3) 배양 배지의 종류

배양 배지는 미생물 관련 연구에서 미생물의 증식, 보관, 구분, 분리, 동정 및 분석 등 수많은 목적으로 사용되며 배지의 성분 조성과 특성에 따라 일반적으로 일반 배지(non-selective, 비선택 배지), 선택 배지(selective), 강화 배지(enrichment), 감별 배지(differential), 선택감별 배지(selective and differential), 화학적으로 규명된 배지(chemically defined), 선출 배지(elective), 생물 배지(living)로 분류되며 배지의 종류별 특성은 다음과 같다.

(1) 일반 배지

일반배지는 곰팡이나 효모, 그리고 세균 등 광범위한 미생물의 배양을 위한 영양 성분들을 함유하고 있다. 이런 종류의 배지는 대개 육류, 효모, 야채 추출물 그리고 육류 분해산물같은 천연물로 만든다. 비록 이런 천연물들이 다양한 영양소들을 함유하고 있지만 그들의 정확한 성분을 알기는 힘들며, 약간의 차이가 있을 수 있다. 이런 배지들은 실험실에서 미생물을 배양하거나 미생물 수를 측정하기 위해 광범위하게 사용된다. 예를 들면 세균의 증식을 위해 nutrient agar/broth(NA/NB), tryptone dextrose agar라고도 하는 plate count agar(PCA), brain heart infusion broth(BHI)가 있으며, 곰팡이나 효모를 배양하기 위해서는 malt extract agar/broth(MAMB), potato dextrose agar(PDA), 그리고 oxytetracyclic glucose yeast extract agar(OGYE)가 있다. 이러한 일반 목적 배지는 탄소원으로 사용하기 편한 glucose로 지니고 있으며 미네랄과 미량 원소들을 포함하여 세균이 필요로 하는 모든 생육인자들을 지니고 있다. 즉, 생육인자가 없는 *E. coli*에서부터 매우 까다로운 *Lactobacillus*까지 광범위한 세균들이 배지에서 자랄 수 있다.

(2) 선택 배지

선택배지는 특정 미생물의 증식은 저해하나 다른 미생물의 증식은 허용하는 성분을 지닌 배지이다. 미생물을 그룹별로 또는 특정 미생물을 선택하기 위해서 광범위한 서로 다른 화학성분들이 배지에 사용될 수 있다. 선택 배지는 원하지 않는 미생물들의 생육은 저해하는 방법으로 만든다.

- pH를 기초로 하는 선택: 곰팡이 분리에 이용되는 citric acid agar에서 citric acid 등이 사용된다.
- 수분 활성을 기초로 하는 선택: 호염성 또는 호삼투압성 미생물을 위한 고농도의 염이나 당을 사용한다.
- 배지의 영양분 함량 조절에 의하여 유일한 질소원으로서 질산염(nitrate)을 함유한 배지에서는 질산염을 암모니아로 환원시킬 수 있는 미생물들이 선택적으로 증식한다.
- 대사경로를 막는다든지 세포막에 손상을 주는 저해제의 사용으로 sodium azide, thallous acetate, lithium chloride 그리고 potassium tellurite는 그람 음성균에 대한 저해저이며, crystal violet, bile salts 그리고 티폴(teepol)과 같은 계면활성제는 그람 양성균에 대한 저해 작용을 한다.

선택배지의 대표적인 예는 OGYE배지이다. 이 배지는 항생물질인 옥시테트라사이클린(oxytetracycline)을 함유하고 있으며 이것은 대부분의 세균들의 증식을 저해하는 광범위한 항생제이다. 따라서 이 배지는 이 항생제의 영향을 받지 않는 곰팡이나 효모에 대한 선택배지로 이용될 수 있다. 또한 곰팡이나 효모에 있어서는 일반목적 배지로 생각할 수 있다.

(3) 강화 배지

강화배지는 선택적인 성분들을 함유하고 있으며 혼합된 미생물의 배양에서 그 중 특정 미생물이 증식하는 쪽으로 제조되어 배양이 진행되면서 특정 미생물들이 다른 미생물보다 수적 우세가 일어나 분리가 쉽게 된다.

강화 배지의 대표적인 예는 *Salmonella* 속의 강화를 위한 selenite broth가 그 예이다. 이 배지는 저해제로써 sodium biselenite를 함유하고 있어 살모넬라를 제외한 모든 미생물들에게 독성을 나타낸다. 적당한 농도로 selenite를 함유한 nutrient broth는 여러 종류의 미생물들이 혼합된 시료를 접종하면 처음 접종 시 살모넬라의 수가 적었더라도 배양 후에는 가장 많은 수의 미생물이 된다. 이는 살모넬라를 분리하는 데 있어서 다른 어떤 방법보다도 쉽게 분리할 수 있게 해준다.

(4) 감별 배지

감별 배지에는 미생물의 대사작용의 결과로 변화되는 성분들을 함유하고 있다. 이런 변화들은 미생물이 자라고 있는 한천 평판배지, 시험관, 액체 배지에서 감별제를 사용하여 육안으로 확인할 수 있으며 이런 특징을 이용하면 미생물들을 구별이 가능하다. 미생물의 대사작용 결과로서 나타나는 특징은 다음과 같다.

- 한천배지에서의 불투명도(opacity) 변화
- 배지에 들어있는 pH 지시약에 의해 나타나는 pH의 변화
- 미생물의 대사 산물과 반응하는 화학 물질을 사용하여 미생물의 군락 색을 변화시키거나 배양액에 있는 배지나 시험관 속의 한천 배지 색을 변화시킨다.

(5) 선택/감별 배지

특정 미생물의 분리에 광범위하게 사용되는 배지로 식품에 대한 미생물학적 분석에 이용되는 많은 배지들이 선택적이면서도 감별할 수 있다. 이 배지들은 서로 밀접하게 연관된 미생물 군을 분리하고 그것들을 구별하도록 디자인되어 있다.

선택/감별 배지의 예로 MacConkey agar를 들 수 있다. 이 배지는 기본 영양원으로 펩톤(peptone)을 지니고 있다. 담즙산염이 선택제로 이용되며 그 배지에 사용되는 담즙산염의 농도는 그람 양성균의 증식을 저해할 뿐만 아니라 Enterobacteriaceae(*E. coli*, *Enterobacter* 속, *Salmonella* 속, *Proteus* 속을 포함한 그람 양성균군)에 대한 선택적인 배지가 되도록 해준다. 그 배지에 존재하는 감별제로는 락토오스와 pH 지시약인 neutral red이다. *E. coli*같은 유당 발효균은 이 배지에서 적색 군락을 형성하며, 산모넬라 속과 같이 유당을 발효하지 못하는 미생물들은 무색 군락을 형성한다.

(6) 화학적으로 규명된 배지

배지를 구성하고 있는 각각의 성분들의 화학적 성질과 함량이 정확히 알려진 배지를 말한다.

NOTE 감별제(differential agents)

감별을 위해 배지에 첨가될 수 있는 물질들은 매우 다양하다. 감별제로 사용될 수 있는 물질은 다음과 같다.

① 세포외 효소(예: lecithinase, protease, haemolysin, DNase)의 표현을 위한 기질

② 당류: 당류의 이용은 배지에 pH 지시약을 첨가하면 된다. 예로 bromocresol purple이나 neutral red는 당으로부터의 산의 생성을 알려준다.

③ 아미노산: pH 지시약을 배지에 넣으면 아미노산(예: lysine) 분해의 결과로 나타나는 알칼리 반응을 알 수 있다.

④ 미생물 대사를 통해 환원되는 화학성분들: 예로 potassium tellurite는 검은색의 tellurium으로 환원되며 무색의 triphenyl tetrazolium chloride가 적색의 fermazan으로 환원된다.

⑤ 철 염을 배지에 첨가하면 흑색의 황화철(iron sulfide) 침전으로 황화수소의 생성을 알 수 있다.

(7) 선출 배지

이 배지는 특정 성분을 배지에 첨가하여 그 성분에 대해 영양 요구성을 지닌 미생물의 증식을 증진시키도록 디자인되어 있다. 이 배지는 선택 배지와 혼동하기 쉽다. 그러나 차이는 비록 어떤 특정 물질들이 이 배지에 첨가되어 특정 미생물의 증식을 증진시켜 혼합된 미생물 군에서 그 특정 미생물이 결과적으로 우세하게 되지만 다른 미생물의 증식을 멈추게 하지는 못한다는 것이다. 한 예로 *Lactobacillus*를 배양하는 데 이용되는 토마토주스 한천은 토마토주스, 펩톤, peptonized milk를 함유하고 있으며 pH 6.1이다. 배지에 첨가된 토마토주스는 *Lactobacillus*의 증식을 촉진하는 중요한 성분 즉, 마그네슘(Mg)과 망간(Mn)을 가지고 있으나 이 성분들이 선택제는 아니며 이 배지에서는 세균, 효모, 그리고 곰팡이를 포함한 광범위한 미생물들이 자랄 수 있다.

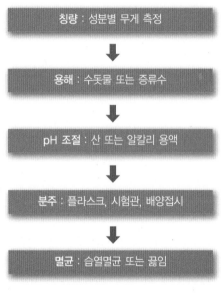

그림 7-25 **기본적인 배지 제조 방법**

(8) 생물 배지

바이러스와 같은 어떤 미생물들은 살아있는 그들의 숙주 세포에서만 증식한다. 실험실에서 이런 미생물을 배양하기 위해서는 닭 태아나 조직 배양과 같은 숙주세포로 된 생물배지가 필요하다.

5 식품 미생물의 동정

1) 식품 미생물 검사의 의의

멸균 식품을 제외하고 식품이 무균상태일 필요는 없으나, 병원성 균 또는 부패균에 오염되었을 경우 소비자에게 전달될 수 있는 위험성이 존재한다. 따라서, 소비자에게 안전하고 완전하고 건전한 식품을 제공하기 위해서는 물리·화학적 분석과 미생물들의 검사가 요구된다.

식품의 미생물학적 검사를 통하여 식품 중의 생균수 혹은 총균수를 확인할 수 있으며, 이를 통하여 그 식품의 미생물학적 품질 및 안전성을 예측할 수 있다. 최근 이를 위해 배양학적 방법 및 비배양학적 방법 등 다양한 방법 등을 통하여 식품 중의 미생물군을 정성·정량적으로 분석할 수 있다.

식품 중의 미생물 검사를 통하여 식품의 부패에 관여하는 부패 미생물들, 식중독에 관여하는 식중독균 및 병원성균 등이 식품 내에 얼마나 많이 존재하는가를 확인하여 식품의 미생물학적 위생 및 안전성을 확인할 수 있다.

2) 식품 중의 미생물의 분리

식품 중의 미생물학적 검사를 위해서는 모든 과정이 무균적으로 수행되어야 하며 시험과정 중의 교차오염을 방지하여 실험에 임해야 한다.

검체 채취기구는 미리 건열 및 화염멸균을 한 다음 검체 1건마다 바꾸어 가면서 사용하여야 하며, 검체가 균질한 상태일 때에는 어느 일부분을 채취하여도 무방하나 불균질한 상태일 때에는 여러 부위에서 일반적으로 많은 양의 검체를 채취하여야 한다. 또한 미생물학적 검사를 위한 검체의 채취는 반드시 무균적으로 행하여야 한다. 기타 제반사항은 식품공전 '제 7. 검체의 채취 및 취급방법'을 참고한다.

식품 중의 미생물을 분리하기 위해서는 검체를 무균적으로 채취한 후, 멸균 생리식염수 등 희석액을 이용하여 순차적으로 10진 희석한 후에 준비된 분리용 배지에 적당량을 도말하여 배양한다. 이때, 도말의 방법으로 백금이를 이용하여 획선 도말(Chapter 8, 실험 7 참고) 혹은 곤다리봉을 이용하는 평판도말법(Chapter 6, 3. 미생물 분석방법 2) 생균수측정 참고)을 활용하면 된다.

배양한 평판배지에 형성된 단일 콜로니를 백금이를 이용하여 취하여 새로운 증균용 평판배지에 획선도말하여 단일 콜로니가 형성될 수 있도록 순수배양을 실시한다.

3) 미생물의 동정

식품 미생물의 분리(isolation)는 식품으로부터 단일 종의 미생물을 분리하는 과정으로, 분리된 미생물이 분류체계상 어디에 속하는지를 확인하는 것을 동정(identification)이라고 한다. 미생물의 분리 및 동정에 있어서 가장 중요한 것은 순수한 단일 종 미생물의 확보이며 이때 미생물에 따른 특성을 이용한 분리용 배지 및 보존용 배지가 이용된다. 일반

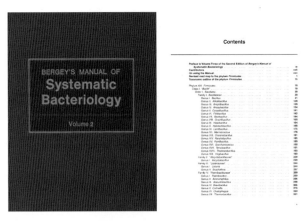

그림 7-26 Bergey's manual
(출처: Bergey's manual)

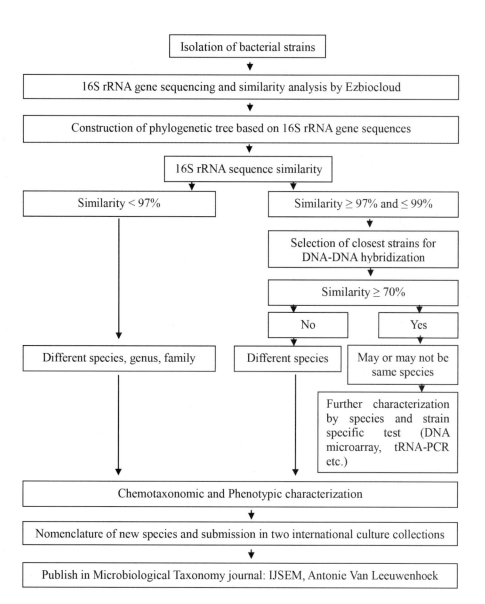

그림 7-27 세균의 동정 과정
(출처: NGO THI THANH HIEN, 2015, Bacterial Communities in Yongin City Soil and Polyphasic Taxonomic Studies of Novel Bacteria, Master Thesis, Kyung Hee University)

적으로 미생물의 동정은 형태학적, 생리학적, 생화학적, 배양학적 특성을 바탕으로 하여 세균의 경우 Bergey's manual의 분류 및 기준을 따르는 것이 일반적이다.

세균의 동정에 있어서 가장 중요한 분류는 Gram 염색에 따른 분류로 Gram 양성과 음성으로 분류할 수 있으며, 산소요구성, 영양요구성, 자화성, 대사산물의 생성, 효소반응, 항생물질 저항성 등을 검토함으로써 세균을 분류하고 동정한다. 또한 DNA 염기조성 또는 16S rRNA 구조 분석을 이용하는 분자 유전학적 방법, 당과 아미노산 조성 등 세포벽의 구성성분, 전자전달계의 quinone형, 균체 지방산 조성(MIDI)에 따른 분류 등 다양하고 새로운 방법 등이 적용되고 있다.

효모의 동정은 영양증식 형태, 세포의 형태, 그리고 위균사, 균사, 분절포자, 자낭포자 등을 관찰함으로써 균 속을 추정할 수 있으며, 생육상태, 생육온도 탄수화물류의 발효 및 동화 정도 및 질산염의 동화능력 등 생리적 특징을 검토한다. 곰팡이 동정은 격벽의 유무, 무성생식 및 유성생식 기관의 유무, 균사체 등의 형태 등이다. 효모와 곰팡이와 같은 진균 등의 동정 또한 ITS 염기서열 분석 등 분자 계통학적 분석을 적용하고 있다.

4) 염기서열 분석

DNA와 RNA의 염기서열 비교 방법은 가장 널리 이용되는 분자 계통학적 방법이다. 최근 염기서열분석은 자동화가 되어가고 있는 추세이며, GenBank, EMBL, DDBJ 및 Ez-cloud와 같은 세계적인 data base가 구축되어 있어, 누구든지 염기서열의 비교분석이 용이하며, data를 공유할 수 있다는 장점이 있다. 또한 PCR(Polymerase Chain Reaction, PCR) 증폭과정의 일반화, 염기서열 결정의 자동화 등의 과정은 계통생물학자들에게 주요한 도구가 되고 있다.

5) 차세대염기서열 분석

1990년부터 2000년대 초반, 미국 NIH(National Institutes of Health)와 DOE(Department of Energy) 주도로 진행된 인간 게놈프로젝트(Human Genome Project)는 유전체 분야의 급성장을 이끌었으며, 이후 2005년 차세대염기서열 분석법(Next Generation Sequencing;

NGS)의 등장으로 시퀀싱 기술 장비의 개발과 분석 비용의 절감을 유도하였다.

전장 유전체 시퀀싱(Whole Genome Sequencing; WGS)은 유전체 전체를 한 번에 읽어내어 관련 유전정보를 분석하는 방법으로 미생물의 염기서열 정보의 활용을 통하여 식중독 원인 미생물의 검출과 동정에 활용되었으며, 식품 안전과 보건 증진을 위한 주요 분야로 인식되고 있다. WGS 기술은 식중독 사고의 역학 조사뿐만 아니라, 미생물 종(species)의 진화학적 연구, 유전자 간의 상동성 분석, 독성 유해 인자 발현 분석을 통해 식품 안전 향상을 위한 광범위한 정보를 축적할 수 있다.

또한 군유전체학(metagenomics) 연구는 식품을 포함한 다양한 환경의 다양한 미생물 군집(microbiota) 분석과 배양 비의존적(culture-independent) 미생물의 유전체 분석에 활용되고 있다. 뿐만 아니라, 전사체(transcriptome) 및 단백체(proteome)의 서열분석을 통해 식품 내 병원균의 생리학적 특성을 파악하여 위해 평가(risk assessment) 및 제어기술 개발에 관여할 수 있다.

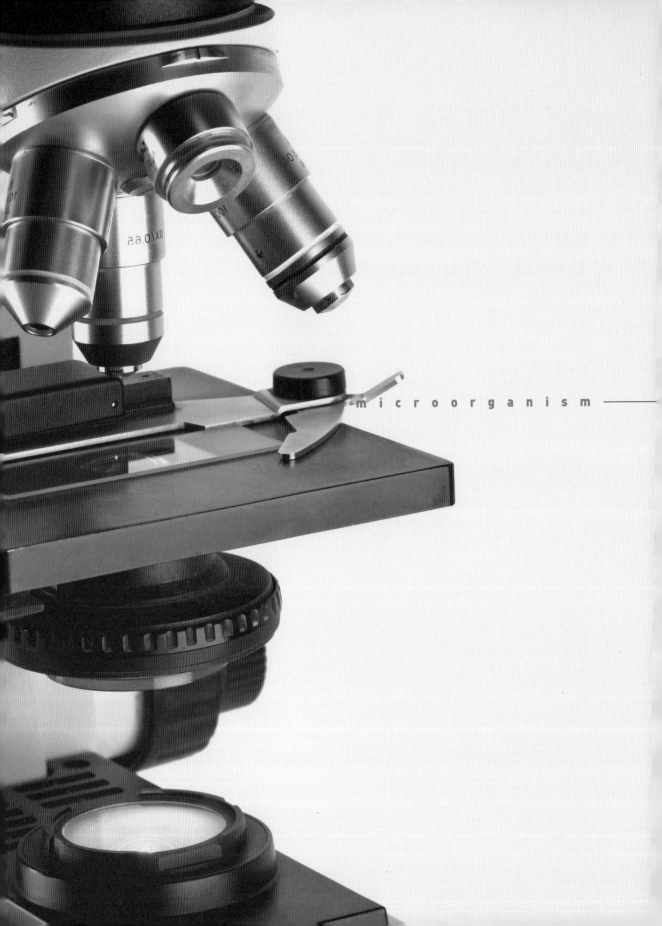

microorganism

CHAPTER 8

미생물 실험

미생물 실험

〈실험실 안전 수칙〉

1. 개인의 안전

① 각 실험실에 비치된 '실험실 안전 수칙'을 숙지하며, 사고 시 비상연락망 및 대피 출입구를 알아둔다.

② 실험실에서는 항상 실험가운을 착용하고, 긴 머리는 흩날리지 않도록 묶는다.

③ 샌들, 슬리퍼, 굽이 높은 구두 등의 착용을 금지하며, 앞이 막힌 편한 운동화를 착용한다.

④ 하절기에도 실험실 내에서는 긴바지를 착용하도록 한다.

⑤ 실험실에서는 심한 장난이나 잡담 또는 뛰어다니는 등 불안전한 행동을 해서는 안 된다.

⑥ 실험실에 음식물을 반입하거나 섭취를 하는 행위를 해서는 안 된다.

⑦ 실험대 위에는 실험과 무관한 옷, 가방, 책 등을 올려놓지 않는다.

⑧ 실험실에서 나갈 때에는 비누로 손을 씻어야 한다.

2. 실험 시 안전

① 실험 장비는 사용법을 확실히 숙지한 상태에서 작동하여야 한다.

② 실험대, 실험 부스, 안전 통로 등은 항상 깨끗하게 유지한다.

③ 실험에 필요한 시약만 실험대에 놓아둔다.

④ 시약병은 깨끗하게 유지하고, 라벨(Label)에는 물질명, 뚜껑을 개봉한 날짜를 기록해 둔다.

⑤ 절대로 입으로 피펫(Pipet)을 빨면 안 된다.

⑥ 취급하고 있는 유해물질에 대해 충분히 숙지 한 후 사용한다.

⑦ 유해 물질 등 시약은 절대로 입에 대거나 직접 냄새를 맡지 말아야 한다.

⑧ 유해 물질을 취급하는 실험을 할 때에는 부스(Booth)에서 실시하여야 한다.

⑨ 유해 물질이 누출되었을 경우, 싱크대나 일반 쓰레기통에 버리지 말고 폐액 수거용기에 안전하게 버려야 한다.

⑩ 실험이 끝난 후에는 사용한 시약, 용기 등을 정리하여 제자리에 정리한다.

3. 사고 예방 수칙

① 소화기는 눈에 잘 띄는 위치에 비치하고, 소화기 사용법을 숙지하여야 한다.

② 주위 사람들의 안전에 대해서도 늘 고려해야 한다.

③ 실험실 내 샤워 장치, 세안 장치, 완강기, 소화전, 소화기, 화재경보기 등 안전 장비 및 비상구에 대하여 잘 알고 있어야 한다.

4. 사고시 행동 요령

① 화재 또는 사고 시에 주위 사람에게 알리고 진화, 대피, 소방서·경찰서 신고, 응급조치 등 신속하고 빠르게 대응하도록 한다.

② 긴급조치 후 신속히 큰소리로 다른 실험자에게 알리고 즉시 안전 관리 책임자에게 보고하고, 관련 부서에 도움을 요청하도록 한다.

③ 초기 진압이 어려운 경우에는 진압을 포기하고 건물 외부로 대피하도록 한다.

④ 필요 시 구급요원에게 사고 진행상황 등에 대해 대하여 상세히 알리도록 한다.

5. 화상

① 경미한 화상은 얼음이나 생수로 화상 부위를 식힌다.

② 옷에 불이 붙었을 때는 바닥에 누워 구르거나 근처에 소방 담요가 있다면 화염을 덮어 싸도록 한다.

③ 불을 끈 후에는 약품에 오염된 옷을 벗고 샤워장치에서 샤워를 하도록 한다.

④ 상처부위를 씻고 열을 없애기 위해서 얼마 동안 수돗물에 담근 후 얼음주머니로 감싼다.

6. 유해 물질에 의한 화상

① 유해 물질이 묻거나 화상을 입었을 경우 즉각 물로 씻는다.

② 유해 물질에 의하여 오염된 모든 의류는 제거하고 접촉부위는 물로 씻어낸다.

③ 유해 물질이 눈에 들어갔을 경우 15분 이상 세안 장치를 이용하여 깨끗이 씻고 즉각 도움을 청한다.

④ 몸에 유해 물질이 묻었을 경우 15분 이상 샤워 장치를 이용하여 씻어내고, 전문의의 진료를 받는다.

⑤ 위급한 경우 즉시 구급차를 부르고 샤워 장치를 이용하여 씻어낸다.

⑥ 유해 물질이 몸에 엎질러진 경우 오염된 옷을 빨리 벗는다.

⑦ 보안경에 유해 물질이 묻은 경우 시약이 묻은 부분은 완전히 세척하고 사용한다.

7. 유해물질의 안전 조치

(1) 독성

① 실험자는 자신이 사용하거나 타 실험자가 사용하는 물질의 독성에 대하여 알고 있어야 한다.

② 독성 물질을 취급할 때는 체내에 들어가는 것을 막는 조치를 취해야 한다.

③ 밀폐된 지역에서 많은 양을 사용해서는 안되며 항상 부스 내에서만 사용한다.

(2) 산과 염기물

① 항상 물에 산을 가하면서 희석하여야 하며, 반대의 방법은 금지한다.

② 희석된 산, 염기를 쓰도록 한다.

③ 강산과 강염기는 공기중 수분과 반응하여 치명적 증기를 생성시키므로 사용하지 않을 때에는 뚜껑을 닫아 놓는다.

④ 산이나 염기가 눈이나 피부에 묻었을 때 즉시 세안 장치 및 샤워 장치로 씻어내고 도움을 요청하도록 한다.

⑤ 불화수소는 가스 및 용액이 맹독성을 나타내며 화상과 같은 즉각적인 증상이 없이 피부에 흡수되므로 취급에 주의한다.

⑥ 과염소산은 강산의 특성을 띠며 유기화합물 및 무기화합물과 반응하여 폭발할 수 있으며, 가열, 화기와 접촉, 충격, 마찰에 의해 스스로 폭발하므로 특히 주의한다.

전자저울을 이용한 칭량

목 적

- 전자저울의 종류에 따른 사용법을 익힌다.
- 전자저울을 이용하여 정확하게 무게를 칭량(weighing)하는 방법을 습득한다.

이 론

물질의 일정량을 재어 준비하는 조작을 칭량이라 하며, 무게 측정 및 칭량에 쓰이는 기구가 천칭이다. 안전하고 정확하게 칭량할 수 있는 최대 중량을 그 천칭의 칭량량이라 하며 강도를 나타내는 값을 감량이라 한다. 감량은 전자 저울의 경우에 표시창에 나타내어진 값(측정가능 한 값)의 맨 마지막 단위 바로 위의 단위를 말하며(예: 표시창 7.4539g→0.001g, 즉 1mg이 이 저울의 감량), 실제로 표시창에 나타내지는 값(측정 가능한 값)의 맨 마지막 단위를 실감량이라 한다.

구 분	Micro balance	Analytical balance	rough balance
칭량범위	2~5g	22~100g	200g~2kg
감도(감량)	1μg(0.000001g)	1mg(0.001g)	100mg(0.1g)
실감량	0.1μg	0.1mg	10mg
외 형			

[저울의 종류 및 감도]

실험재료

- 설탕, 소금, 배지 등
- 윗접시저울(top loading rough balance) 또는 분석저울(analytical balance), 유산지 또는 칭량접시, 시약스푼

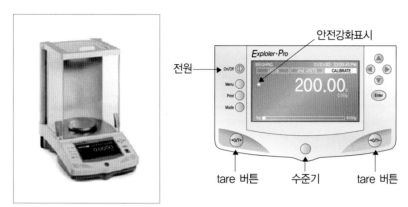

전원

안전강화표시

tare 버튼   수준기   tare 버튼

[분석용 전자저울과 표시창]

1) 수준기(leveling instrument)의 변화도

① 수준기의 중앙원에 있는 기포의 유무를 확인하도록 한다.

② 기포가 중앙에 없는 경우에는 저울 양쪽의 다리나사(leveling foot)를 조절하여 중앙에 기포가 위치하도록 조절한다(수준기의 기포가 정 중앙에 놓여져 있지 않은 경우에는 저울이 한쪽 방향으로 기울져 있음을 의미하며, 이는 무게 측정의 오차가 발생하는 원인이 되므로 유의).

③ 중앙에 기포가 있는 경우에는 전원을 켠다.

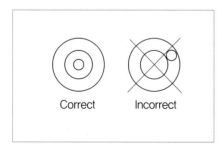

Correct   Incorrect

[수준기의 올바른 설치]

2) 전자저울의 실행

① 전원을 켜기 위해서 On/Off 버튼을 누른다(끄기 위해서도, 다시 같은 버튼을 누른다.).

② 초기에 저울을 사용하기 전에 새로운 환경에 적응시키기 위해 시간을 할애한다.

③ 수준기를 사용하기 30분 전에 전원을 미리 켜두는 것이 좋다.

3) 칭량물질의 무게 측정

① 저울에 칭량할 물질을 담을 용기를 올리고 저울에 표시된 중량을 "0.00"으로 표시되도록
한다. "0.00"이 아니면 →O/T← 버튼을 눌러준다(re-zero 또는 tare 버튼을 사용허가도 함).

② 팬 위에 무게 측정을 하고자 하는 물체나 물질을 올려 놓는다.

③ 무게를 읽기 전에 '＊(안정화 표시)'가 나타나도록 기다린다.

④ 표시창에 나타난 값을 읽고 기록한다.

[전자저울 표시창과 안정화 표시]

실험 2 용량플라스크를 이용한 용액의 제조

목 적

- 용액 제조 시 사용되는 기구의 사용법을 익힌다.
- 용액 제조 시 사용되는 기기의 사용법을 익힌다.
- 일정 농도의 용액을 제조하며 그 제조법을 익힌다.

실험재료

- 설탕, 증류수, 유산지
- 시약스푼, 갈대기, 100mL 용량플라스크, 메스플라스크, 증류수병, 비커, 자석막대 (magnetic bar), 자석, 자석식 교반기(magnetic stirrer), 전자저울

실험방법

① 깨끗이 건조된 100mL 용량의 플라스크에 증류수를 1/3 가량 넣고, 증류수로 세척한 자석 막대를 넣는다.

[용량플라스크와 자석막대]

② 전자저울에서 유산지를 사용하여 설탕 5g을 정확히 칭량한 다음 깔대기를 통해 설탕을 용량플러스크에 넣는다.

[시료 칭량과 용해]

③ 깔대기를 통해 증류수를 용량플라스크 용량의 2/3 가량 넣어 준 다음 자석식 교반기 위에서 자석막대를 교반하면서 용해한다.

[자석막대를 이용한 시료 용해]

④ 완전히 용해가 된 후에 용량플라스크 내에 있는 자석막대를 증류수로 세척하면서 제거한다.

[자석막대 제거 및 세척]

⑤ 용량플라스크의 표선까지 증류수를 넣은 후 사용 또는 보관한다.

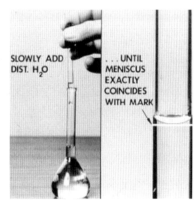

[표선 맞추기]

부피 측정기구 사용 시 주의사항

• 용량을 측정하는 부피 측정기구의 건조는 세척한 초자기구를 뒤집어 상온에서 건조해야 한다(고온으로 가열 시 부피 측정기구의 부피 변화가 발생할 수 있음).

피펫의 사용법

목 적

- 정확한 용량을 옮기거나 더하기 위해 필요한 피펫의 종류와 사용법을 익힌다.
- 피펫휠러를 이용한 피펫의 사용법을 익힌다
- 마이크로피펫을 이용한 사용법을 익힌다.

실험재료

- 마이크로피펫(Micropipette), 팁(tip), 피펫(pipet), 피펫휠러(pipet filler), 액체(물)

실험방법

1. 피펫휠러를 이용한 메스피펫의 사용법

안전 피펫(피펫휠러)을 사용하면 유독한 액체들을 옮길 때 입으로 빨지 않아도 되므로 안전하다.

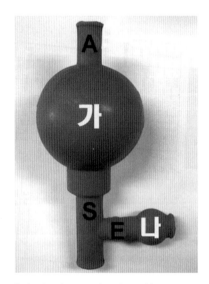

[A(air), S(suction), E(eject)]

① 피펫 휠러 S부분 아래쪽에 피펫을 끼운다.

② A를 엄지손가락과 검지손가락으로 꾹 누른상태에서 공 부분(가)을 손바닥과 나머지 세 손가락 사이에 놓고 눌러 납작하게 공기를 뺀다.

③ 용액이 담긴 비커에 피펫 아래 부분을 담근다.

④ S를 엄지손가락과 검지손가락으로 꾹 누르면 용액이 피펫 안으로 들어온다.

⑤ 피펫 휠러의 E부분을 눌러 필요한 만큼의 용액을 배출한다.

⑥ 피펫의 끝에 마지막 남은 액체를 내보내기 위해서 E를 누르고 옆의 작은공(나) 앞을 막은 후 E 방향으로 누른다.

2. 마이크로피펫(Micropipette)의 사용법

마이크로피펫의 단위는 ㎕(microliter)이다. 마이크로는 백만분의 일을 의미하므로, 1 L = 1,000 ㎖ = 1,000,000 ㎕, 1 ㎖ = 1,000 ㎕, 0.1 ㎖ = 100 ㎕ 이다.

마이크로피펫의 종류는 5 ml, 1 ml, 200 ㎕, 20 ㎕ 등 여러 종류가 있으며, 피펫에 쓰여있는 10-100은 10 ㎕ 부터 100 ㎕까지 사용할 수 있다는 의미이다. 아래의 그림과 같이 화살표 부분을 돌려 원하는 용량을 조절할 수 있다.

3자리로 눈금이 표현된 마이크로피펫의 경우, 빨간색 숫자는 소수점 또는 천단위를 나타낸다. 아래의 그림과 같이 20 ㎕ 마이크로피펫의 검은색의 20은 20 ㎕를 의미하며 붉은색의 0은 소수점의 수를 의미한다. 따라서 이것은 20.0 ㎕의 용량을 맞춘 것이다.

① 갈고리처럼 튀어나온 부분을 검지측면으로 받치듯이 마이크로피펫을 감싸쥔다.

② 팁(tip)은 손으로 끼우는 것이 아니라 팁박스에 담긴 채로 꾹 눌러 꽂는다. 이때 수직으로 꽂아야 정확히 끼울 수 있다.

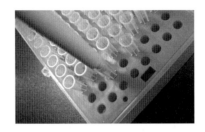

③ 위의 꼭지를 누르면서 최초로 닿는 느낌이 드는 순간까지만 누른 후, 액체에 담그고 서서히 놓는다.

④ 취한 액체를 가할 때에는, 꼭지를 최초로 닿는 느낌까지 서서히 눌러 빼주고 마지막에 좀 더 힘을 주어 끝까지 눌러주어야 팁 안의 액체를 전부 뺄 수 있다.

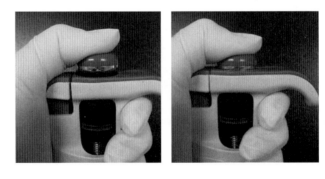

⑤ 사용한 팁을 제거할 때에는 손으로 빼지 않고, 안쪽의 버튼을 사진과 같이 누르면 쉽게 뺄 수 있다.

실험 4 배양 배지의 준비

목 적

- 배지의 제조 방법과 배지 분주 방법을 익힌다.
- Agar의 사용 이유를 숙지한다.

실험재료

- PCA(plate count agar), 교반기(stirrer), 자석막대(maganetic bar)
- 250mL 삼각플라스크, 100mL 용량플라스크, 증류수, 피펫(pipette)
- 유산지, hot plate, 알코올 램프 또는 버너, test tube, 살균된 배양접시

실험방법

1) PCA(Plater Count Agar)배지 조제

① 100mL의 용액에 해당하는 PCA 분말을 칭량하여 250mL의 삼각플라스크에 넣는다(제조
 하려는 배지 용량의 2배~5배에 해당하는 용기를 사용하여야 고압 증기 멸균기에서 끓어
 넘치는 것을 방지할 수 있음).

② 삼각플라스크의 입구를 면전 또는 호일로 막은 후, 고압 증기 살균(121℃, 15분간)한다.

2) Agar plate(한천 평판)배지 만들기

① 멸균 처리한 배지가 약 50℃ 정도의 만졌을 때 따뜻할 정도로 식힌다.

② 무균실에서 4개의 멸균 처리된 Petri dish를 밀봉시킨 후 알코올 램프나 버너를 준비한다.

③ 왼손의 4번째와 5번째 손가락 사이로 삼각 플라스크 면전을 열고 알코올 램프 또는 버너
 의 불꽃 등으로 멸균한다.

④ 첫 번째 plate 뚜껑을 열고 배지를 깊이가 5mm정도가 되도록 15~20mL로 붓는다.

⑤ 오염이 되지 않도록 밀봉하여 배지를 부은 plate의 뚜껑을 덮은 후 배지가 굳을 때까지 그
 대로 둔다.

⑥ 배지가 완전히 굳은 후 뚜껑을 덮은 plate를 뒤집은 후 4℃로 냉장 보관한다.

⑦ 보관된 배지의 세균오염도를 확인하기 위해 2~3개 정도를 37℃에 배양하여 상태를 확인한다.

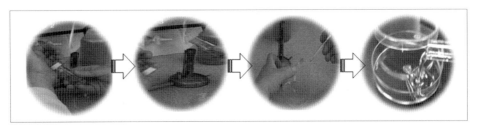

[Petri plate pouring]

3) 사면 배지 · 고층 배지 만들기

① 시험관에 부을 때 중탕하여 잘 녹인 배지를 약2~3mL(시험관의 1/3 정도)를 분주한다.

② 시험관에 마개를 씌운 후 고압 증기살균(121℃, 15분간)을 한다.

③ 멸균이 끝난 사면 배지를 약 45℃ 경사가 되도록 하여 굳힌다.

④ 시험관 뚜껑에 배지 성분이 닿지 않도록 하며, 고층 배지는 세워서 굳히도록 한다.

⑤ 배지가 굳은 것을 확인한 후 2~3개를 배양하여(37℃ 정도) 오염 정도를 측정한 후 4℃ 냉장 보관한다.

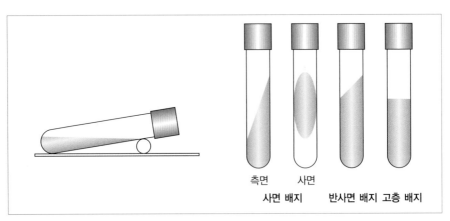

[사면 배지 및 고층 배지의 제조방법]

광학 현미경 관찰

목 적

- 광학 현미경의 기본구조를 이해한다.
- 광학 현미경의 관찰방법을 익힌다.

이 론

현미경은 육안으로 관찰할 수 없는 미생물이나 생물의 일차적 구조와 세포학적 특성을 연구하는 데 필수적인 기구로 그 기능에 따라 여러 가지 종류가 있다.

일반적으로 널리 사용되고 있는 광학 현미경(light microscope)은 사용되는 가시범위의 파장이 가지는 한계를 넘지 못하는 관계로 배율이 1,000배를 넘게 되면 또렷한 형상을 확인하기 어렵다.

현미경

1. 현미경의 종류 및 취급방법

사람의 눈으로 관찰하기 어려운 미생물을 확인하기 위한 현미경의 종류는 다음과 같다. 광학현미경과 형광현미경이 주로 이용되는 데 최근에는 현미경에 디지털카메라, TV 등을 연결하여 그 영상을 컴퓨터로 옮겨와 관찰한다. 현미경을 통해 미생물과 같은 작은 물체들의 형태를 확인하는 것을 검경이라 하며, 검경 시 물체를 관찰하기 위해서는 저배율에서 고배율로 물체를 확대 관찰하여야 보다 용이한 검경이 가능하다.

[현미경의 종류 및 적용의 예]

병원체	광학현미경	형광현미경	암시야현미경	위상차현미경	전자현미경
세 균	+	+	+/-	+/-	+
진 균	+	+	-	+/-	+
기생충	+	+	-	+/-	+/-
바이러스	-	+	-	-	+/-

주 : 1) + : 일반적으로 사용, 2) +/- : 제한적으로 사용, 3) - : 사용되지 않음

흔히 사용되는 현미경인 광학 현미경은 밝은 배경에 어두운 형상이 드러나는 명시야 현미경(bright-field microscope) 등이 있으며, 습윤으로 암시야 콘덴서를 이용하여 어두운 배경에서 빛나는 물체를 관찰하는 암시야 현미경(dark-field microscope), 자외선에 의한 형광 반사광을 이용한 형광 현미경(fluorescene microscope), 피검체의 광학적 두께의 차이에 의해 생긴 명암의 차로 관찰하는 위상차 현미경(phase-contrast microscope), 빛 대신 전자파를 활용하여 세포의 미세구조를 관찰할 수 있는 높은 해상력을 가진 전자 현미경(microscope) 등 그 종류가 다양하다.

분해능(resolution)은 아주 가까운 두 점을 구별가능한 것을 의미하는 것으로 대물렌즈에 비춰지는 빛과 시료에 의해 조사되는 빛의 파장으로 결정된다. 명시야 현미경(bright-field microscope)에서는 분해능이 약 $0.02\mu m$까지의 세균을 관찰할 수 있다. 대부분의 미생물들은 시료 배경의 반사 지수가 유사하므로 색소로 염색한 후 관찰하여야 한다. 현미경의 기본구조는 렌즈, 광원 조절 장치, 렌즈와 시료의 거리를 조절하는 장치들로 대별되며, 본 장에서는 일반적으로 사용되는 광학 현미경을 중심으로 설명하도록 한다.

2. 현미경의 기본구조

현미경의 구조를 기능에 따라 구별되며 크게 렌즈 부분, 조명 부분, 기계 부분 등으로 구분된다.

① 렌즈 부분

현미경을 이루는 가장 기본 요소인 렌즈는 대안렌즈 또는 접안렌즈(ocular lens/eyepiece)와 대물렌즈(objective lens)로 나누어진다.

- 접안렌즈 : 경통의 가장 상단에 위치하며 기본배율은 ×5, ×10, ×15 등이 있다. 대물렌즈에 의해 형성된 물체의 확대상을 2차원적으로 한층 더 확대시키는 역할을 하여 동공조절 장치로 관찰자의 시력을 보정하는 역할을 담당한다.
- 대물렌즈 : 경통의 가장 하단의 대물렌즈 회전판에 부착된 것으로 물체를 일차적으로 확대하여 관찰할 수 있도록 한다. 대물렌즈는 ×10(시료를 간단하게 관찰), ×40(기생충이나 균체와 같은 비교적 큰 미생물의 관찰), ×100(immersion oil을 사용하여 세균과 같은 작은 미생물이나 비교적 크기가 큰 미생물의 세밀한 형태 관찰)배 배율의 여러 가지 렌즈가 회전되는 구조로 이루어져 있다.

② 조명 부분

높은 해상력과 정확한 배율의 상을 얻기 위해서는 적절한 빛의 세기가 필요하다. 조명 부분

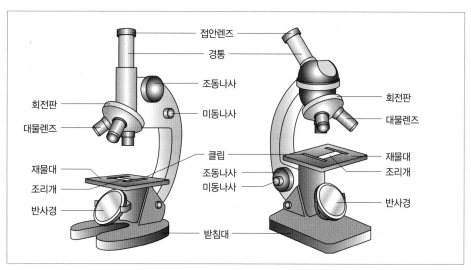

[현미경의 구조]

은 대개 광선(light source), 조리개(diaphragm), 집광기(condenser), 광선 여과판(light filter) 등
으로 구분된다.

- 광원 : 광원으로는 거울이나 전구를 사용하며 광원은 현미경의 몸체에 달려 있다.
- 조리개 : 빛의 양을 적당하게 조절하는 역할을 하는 것으로 반사경을 통하여 들어오는 광
  선의 세기를 조절하여 상을 또렷하게 한다.
- 집광기: 대물렌즈에 적절한 밝기를 주는 장치를 여러 개의 렌즈로 구성되어 볼록렌즈의 역
  할을 담당한다.
- 광선 여과판 : 광선의 조성을 변경시키는 데 쓰이며, 가장 간단한 것은 색이 들어 있는 유리
  판으로 실제로는 현미경 사진을 촬영하거나 눈의 피로를 막기 위해 사용된다.

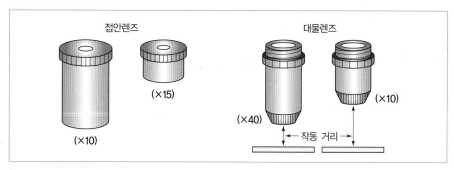

[접안렌즈와 대물렌즈]

※ 현미경의 배율 = 접안렌즈의 배율 × 대물렌즈의 배율

③ 기계부분

현미경에 들어오는 광선을 조절하고 조준을 정확하게 해서 명확한 관찰을 할 수 있는 장치이다.

- 손잡이(arm) : 현미경 전체를 지탱하는 역할을 한다.
- 재물대 또는 검체판(srage) : 관찰한 물체(slide glass)를 올려놓은 수평으로 된 판으로 슬라이드 글라스에 부착된 미생물을 상하 또는 좌우로 움직일 수 있도록 한다.
- 몸체(body tude) : 원통형이며 위쪽 끝에는 접안렌즈를 끼고 아래쪽에는 대물렌즈를 달도록 되어 있다. 관찰할 물체를 통해 들어오는 광선을 투과시켜 상을 이루게 한다.
- 조준장치 : 대물렌즈와 물체의 거리를 조절하여 가장 선명한 상을 얻을 수 있도록 하는 것을 조준이라 하며, 대략의 조준을 맞추기 위한 조동나사(coarse adjustment screw)와 조준을 정밀하게 하기 위한 미동나사(fine adjustment screw)가 있다.
- 대물렌즈 회전판(focusable nosepiece) : 현미경 사용 시 배율이 다른 렌즈를 교환할 경우 대물렌즈를 회전시켜 교환하기 쉽게 만든 장치이다.

실험재료

- 관찰하고자 하는 물체(미생물 등)
- 슬라이드 글라스(slide glass)
- 커버 글라스(Cover glass)
- immersion oil, 핀셋, 스포이드

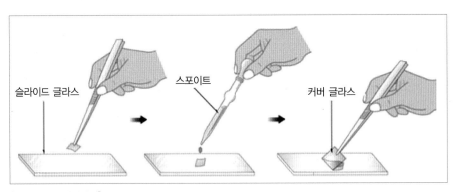

슬라이드 글라스   스포이트   커버 글라스

[프레파라트 제작과정]

실험방법

① 슬라이드 글라스에 검경을 위한 검체를 올려 놓는다.

② 핀셋을 이용하여 검체의 표면을 커버글라스로 덮어 프레파라트(현미경으로 관찰할 수 있도록 만든 표본)를 만든다.

③ 슬라이드 글라스에 도말한 표면이 위쪽으로 오게 하여 검체판 위에 올려놓고, 제물대 조절나사로 검체가 중앙에 오도록 조절한다.

④ 집광기를 아래로 내리고 대물렌즈를 저배율(×10)로 돌린다.

⑤ 대물렌즈의 끝이 슬라이드 글라스에 거의 닿을 정도로 조동나사를 이용하여 제물대를 올린다.

⑥ 접안렌즈를 보면서 조동나사를 서서히 돌려 제물대를 이동시킨다.

⑦ 물레가 확인되면 대물렌즈 회전판을 고배율(×40)로 돌린 후 미동나사를 돌려 선명한 상을 찾아 물체를 관찰한다.

⑧ 높은 배율로 관찰할 경우에는 조명을 강하게 해야 하며 명암의 조절은 광원의 세기, 거리 및 조리개의 개폐, 집광기의 상황에 따라 자유롭게 행할 수 있다.

⑨ 고배율로 보기 위해 오일렌즈를 사용하며 저배율에서 물체가 뚜렷하게 보일 때 집광기를 위로 올린다.

⑩ 오일렌즈와 도말슬라이스 사이에 닿도록 오일을 넣어 대물렌즈와 글라스 사이의 공기가 반사광 산란을 막도록 한 후 오일렌즈(×100)를 회전시킨다.

⑪ 높은 해상도를 갖도록 하여 미동나사만 앞, 뒤로 돌리면서 슬라이드의 전표면을 관찰하도록 한다.

현미경 사용 시 주의사항

- 현미경을 직사광선이 비치지 않는 수평한 곳에 놓는다.
- 처음에는 저배율로 관찰하고, 필요에 따라 배율을 높인다.
- 렌즈는 손으로 문지르지 말아야 한다.
- 플라스크가 더러워졌을 때는 솔로 내부를 털어 내어 이물질이 남아있지 않도록 한다.
- 렌즈는 손으로 문지르지 말고 렌즈페이퍼를 사용하여 가볍게 닦아낸다.
- 조동나사를 사용할 때는 렌즈와 슬라이드 표면이 접촉 충돌하여 슬라이드가 깨지지 않도록 주의한다.
- 현미경 사용 후에는 커버를 덮어 먼지와 습기를 피하여 건조하고 그늘진 곳에 보존하여야 한다.

실험 6 고체 배지 및 액체 배지 접종법

목 적

- 세균을 사면 배지와 액체 배지에 접종하는 법을 익힌다.
- 각 배지에 자란 세균의 배양 특성을 관찰한다.

실험재료

- 여러 미생물(세균)이 생육한 시험관 배지
- PCA(plate count agar), stirrer, magnetic bar, 백금이
- 250mL Erlenmeyer flask, 100mL volumetric flask, 증류수, pipette
- 유산지, hot place, 알코올 램프 또는 burner, test tube

실험방법

1. 사면 배지 접종

① PCA배지를 사용하여 사면 배지와 액체 배지를 제조한다.

② 백금선을 화염멸균한 후 공기 중에서 살짝 흔들어 냉각시킨다.

④ 미생물이 배양된 시험관 마개를 새끼손가락과 손바닥 사이로 잡아서 뺀다.

⑤ 시험관의 입구를 불꽃에 2~3회 통과시킨 후 화염멸균 한다.

⑥ 멸균시킨 백금선을 액체 배지를 넣어 미생물을 채취한다.

⑦ 접종하고자 하는 사면배지의 마개를 먼저 제거한 후 시험관 입구를 화염멸균한다.

⑧ 균주를 채취한 백금선을 사면의 $\frac{1}{4}$ 아래로부터 위쪽으로 올라가며 지그재그로 획선접종한다.

⑨ 시험관의 배지 표면이 긁히지 않도록 하여 입구를 멸균시킨 후 마개를 덮는다.

⑩ 백금선을 화염멸균 한 후 rack에 꽂아 둔다.

⑪ 접종한 사면 배지를 18~24시간(37℃) 배양한다.

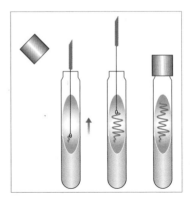

[사면 배지 접종법]

2. 고층 배지 접종

① 고층 배지는 주로 세균의 운동성 관찰과 균주 보존 등
에 이용된다.

② 사면 배지와 같은 방법으로 멸균된 백금선으로 접종할
세균을 채취 후 고층 배지의 중앙부 밑으로 직선이 되
게 하여 접종한다.

③ 백금선이 맨 아래 5mm 부위까지 들어간 후 흔들리지
않도록 똑바로 위로 뺀다.

④ 시험관의 입구를 화염멸균시킨 후 마개를 막는다.

⑤ 37℃의 배양기에 넣어 18~24시간 정도 배양한다.

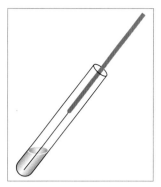

[고층 배지 접종]

3. 액체 배지 접종

① 액체 배지는 세균의 발육상태, 피막(pellicle)형성, 침전물 형성, 가스발생 유무, 생화학적
성상 검사 등을 위해 사용된다.

② 백금이를 화염멸균하여 식힌 후 접종할 세균을 채취한다.

③ 액체 배지의 뚜껑을 열고 배지를 약
간 기울여 시험관의 안쪽 벽에 대고
백금이로 균액을 푼 후 잘 흔들어 준
다.

④ 시험관 입구를 화염멸균 한 후 다시
마개를 막는다.

⑤ 접종배지를 37℃의 배양기에 18~24
시간 정도 배양한다.

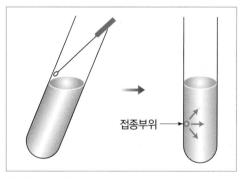

접종부위 →

[액체 배지 접종]

결과 및 고찰

1. 사면 배지의 발육 상태

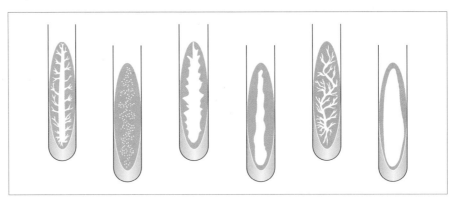

[사면 배지의 발육 상태]

2. 고층 배지의 발육 상태

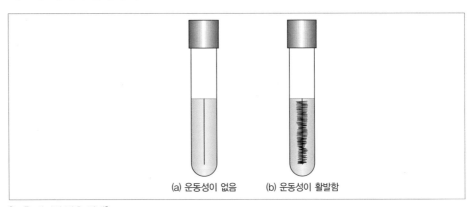

(a) 운동성이 없음   (b) 운동성이 활발함

[고층 배지의 발육 상태]

3. 액체 배지의 발육상태

① Ring form : 균액이 시험관 주위에 흡착된 상태

② Pellicle : 표면에 균막이 두껍게 자란 상태

③ Flocculent : 균 덩어리가 떠 있는 상태

④ Membranous : 균막이 비교적 얇은 상태

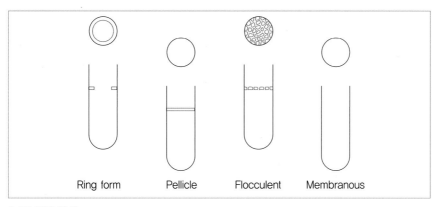

Ring form   Pellicle   Flocculent   Membranous

[피막 형성 형태]

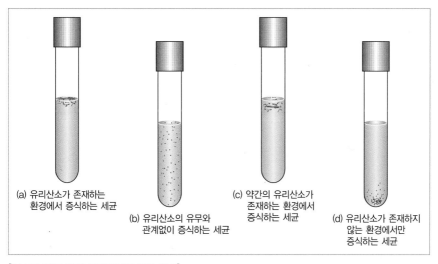

(a) 유리산소가 존재하는 환경에서 증식하는 세균

(b) 유리산소의 유무와 관계없이 증식하는 세균

(c) 약간의 유리산소가 존재하는 환경에서 증식하는 세균

(d) 유리산소가 존재하지 않는 환경에서만 증식하는 세균

[산소에 따른 액체 배지에서의 생육 형태]

실험 7 희석법에 의한 분리 배양

목 적

- 단일 colony 분리법과 주입평판법에 의해 세균을 분리하는 방법을 익힌다.
- 미생물을 희석시키는 방법을 익히도록 한다.
- 순수배양법에 대해 이해한다.
- 집락(colony)의 특징을 이해한다.

실험재료

- 세균이 배양된 액체 배지
- PCA plate, 45℃로 냉각시킨 PCA한천배지가 담긴 시험관
- 배양 접시, stirrer, magnetic bar, 백금이
- 멸균 증류수, 피펫, 알코올 램프 또는 버너, vortex mixer

실험방법

1. 실험의 시행과정

1) 긋기(Streaking)

① 배양된 액체 배지를 시험관 입구를 먼저 화염멸균시킨 후 균 현탁액을 1 백금이 취한다.
(평판에 배양된 균주는 아주 미량만을 취한다).

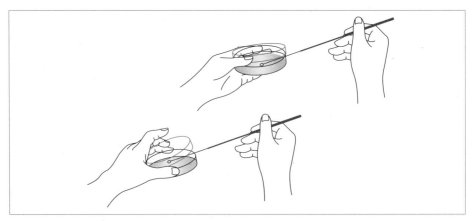

[긋기]

② 무균실이 아닌 실험대에서 균주를 얻을 때는 마개를 약간만 열고 진행한다.

③ 긋는 방법은 우선 1번 구획에서 이전에 그은 것과 중첩되지 않도록 가능한 여러 번 긋는다.

④ 백금이를 화염멸균 한 후 냉각한다. Plate를 90° 돌린 후 1번 구획과 약간만 중첩되도록 하여 2번 구획을 긋는다..

⑤ 백금이를 화염멸균과 냉각을 거듭한 후 plate를 90° 돌린 후 2번 구획과 일부만 중첩되도록 하여 3번 구획을 긋는다.

⑥ 백금이를 화염멸균시킨 plate를 90° 돌린 후 3번 구획과 약간만 중첩되도록 하여 4번 구획에 긋고 plate 뚜껑을 덮은 후 뒤집는다.

⑦ plate뒷면에 필요한 기록을 적은 후 37℃에서 18~24시간 정도 배양시킨다.

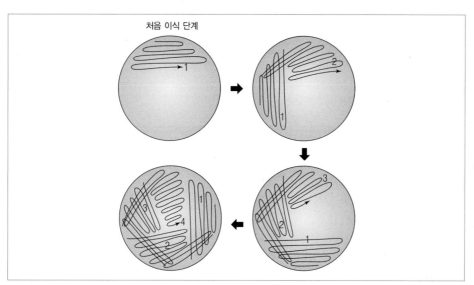

[긋기]

2) 붓기(Pouring)

① 세 개의 멸균된 배양접시 뒷면에 1, 2, 3번 번호와 이름을 기록한다.

② 45℃ 정도로 냉각된 PCA 한천 배지가 있는 시험관 세 개에 1, 2, 3번 번호를 기록한다.

③ 배양액에서 1 백금이를 시험관 1에 옮긴 후 볼텍스 믹서를 이용하여 혼합한다.

④ 시험관 1에서 1 백금이를 시험관 2에 옮긴 후 ③과 같이 섞는다.

⑤ 시험관 2에서 1 백금이를 시험관 3으로 이동시킨 후 잘 혼합시킨다.

⑥ 시험관 1, 2, 3을 ①에서 준비한 배양접시 1, 2, 3에 각각 번호를 맞추어 붓는다.

⑦ 배지가 굳을 때까지 그대로 둔 후 뒤집어 37℃ 온도에서 배양한다(18~24시간 가량).

결과 및 고찰

1. 실험의 확인

1) 집락의 크기

2) 집락의 질(consistency)

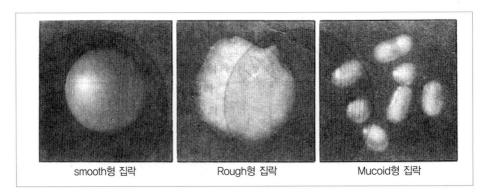

smooth형 집락   Rough형 집락   Mucoid형 집락

3) 집락의 형태(form, 평면위에서 바라온 colony의 형태)

점상형   원형   사상형   불규칙형   뿌리 모형   방추형

4) 집락수의 고도(elevation, 평판의 측면에서 바라본 colony의 형태)

편평   융기   볼록   침상   배꼽 모양

5) 집락수의 가장자리

둥근 모양   물결 모양   잎 모양   톱니 모양   시상 모양   곱슬 모양

6) 색소 생성능

7) 기타 투명도, 경도, 용혈성 등 관찰

산소 요구성에 따른 미생물 배양 방법

목 적

- 미생물의 산소요구성에 따른 미생물 배양 방법을 익힌다.
- 탄산가스 배양법에 대하여 익힌다.
- 미호기성 배양법에 대하여 익힌다.
- 혐기성 배양법에 대하여 익힌다.

실험재료

1. 호기성 배양법(aerobic culture method)
   - PCA plate에 접종한 일반 세균, 효모, 곰팡이
   - 배양기

2. 탄산가스 배양법(CO_2 culture method)
   - plate 접종한 *Neisseria gornorrhoae, Streptococcus pneumoniae, Brucella* 속
   - desiccator 또는 candle jar
   - 양초, 거즈, vaseline
   - chocolate 배지

3. 미호기성 배양법(microaerophilic culture method)
   - plate 접종한 *Campylobacter*
   - company pouch

4. 혐기성 배양법(anaerobic culture method)
   - 혐기성균(*Clostriduium perfringens, Bacterodes fragilis*)
   - thiolycollate broth, BAP, phenyl alchol media
   - anaerobic jar(Gas pak), 가스 발생 봉투, anaerobic catalyst,
     anaerobic indicator(methylene blue)

실험방법

1. 호기성 배양법

① PCA plate에 미생물을 접종한다.

② 37℃ 배양기에 뒤집어 배양한다.

2. 탄산가스 배양법

탄산가스 배양법은 5~10%의 CO_2를 포함하는 환경에서 배양으로 통성 혐기성 배양법의 일종이다. *Neisseria*(임균, 수막염균), *Hameophilus*, *Brucella*, *Streptococcus* 속 등의 배양에 주로 이용된다. 탄산가스 배양기는 CO_2 인큐베이터를 사용하며, 간단하게는 양초를 넣은 병을 이용한다. 양초병은 밀폐될 수 있는 유리용기 내에 배지를 넣고 양초를 넣은 후 불을 켜서 뚜껑을 덮고 밀폐하면 촛불이 자연스럽게 꺼진다. 이때 CO_2 농도는 약 5~10%가 된다.

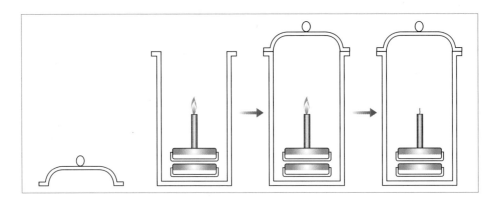

① 양초가 들어 있는 장치가 완전히 밀폐될 수 있는지를 확인한다(desicator를 사용하고자 할 때에는 뚜껑의 가장자리 부분에 바셀린을 발라서 공기가 유입되지 않도록 조절한다.).

② 거즈에 물을 적셔서 병 내에 넣어 습도를 유지시킨다.

③ 평판 내에 균을 접종하고 병에 뒤집어서 놓는다.

④ 양초에 불을 켜서 병 내에 넣는다.

⑤ 뚜껑을 덮고 공기가 새어 들어가지 않는가를 확인한다.

⑥ 촛불이 꺼진 것을 확인하고 37℃에서 24~48시간 배양한다.

⑦ CO_2 인큐베이터 내의 CO_2 농도를 5~10%가 되도록 밸브를 조절한 후 배양한다.

3. 미호기성 배양법

미호기성 배양법은 *Campylobacter* 속의 분리를 위해서 시행한다. *Campylobacter*는 5~10%의 CO_2와 5% O_2조건에서만 생육한다. 생육 조건을 만들기 위해 혼합가스($N_2 : CO_2 : O_2 = 85:10:5$)를 병내에 주입하여 배양한다. 시험을 시행하기 위해 Compy BAP, Skirrow 배지, Butzler 배지 등 *Campylobacter* 선택배지에 세균을 접종한 후 가스발생 봉투에 촉매제를 넣은 후 37℃ 또는 42℃에서 2~3일간 배양한다.

a

활성액 tube 끝을 자르고, 자른 부분을 주입구에 삽입한 후, 시약 통로에 활성액을 주입한다. pouch 내의 시약봉지에는 미호기 환경을 얻기 위한 시약의 필요량이 포함되어 있다.

b

pouch 안에 배양할 검체를 넣는다. 100mm plate 두 개가 들어갈 수 있는 용적

c

pouch 입구를 sealing bar로 봉합한 후, incubation한다.
* 72시간 이상 미호기 환경을 지속한다.
* 열을 사용하여 밀봉할 필요는 없다.

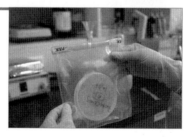

[Campy pouch 사용방법]

4. 혐기성 배양

혐기성 세균 중에는 *Clostridium perfringens*나 *Bacteriodes fragilis* 등과 같이 산소접촉에 다소 내성을 보이는 내기성균(aerotolerant)은 소량의 산소에 노출되어도 쉽게 사멸되지 않는다. 또한 어떤 종류는 organic peroxides 등과 같이 배양 배지가 산소와 접촉할 때 생성되는 독성 산화물질에 견디지 못하는 것도 있으므로 혐기성 세균의 배양에는 특별한 기술이 필요하다. 일반적으로 이상적인 혐기성 세균은 다음과 같은 세 가지 요건을 충족시켜야 한다.

첫째, 배지가 산소와 접촉할 때 유독성 산화 물질이 형성되지 않아야 한다.

둘째, 배양하는 동안 배지가 산소와 접촉하지 않아야 한다.

셋재, 배지와 산화 환운력을 낮게 유지시키도록 해야 한다.

그러나 흔히 사용하는 배양법은 위의 세 가지 요구조건을 다 충족시키는 것은 아니다. 검체로부터 혐기성 세균을 분리하고자 할 때는 액체 배지보다는 고체 배지가 효율적이나 일단 얻어진 순수 배양체를 다루는 데는 액체 배지가 편리하다. 균을 배양하는 데에 사용되는 기구들로 다양한 종류의 혐기성 세균 배양법과 기구들이 개발되어 있으나 가스팩 방법이 일반적이다. 산소를 제거하여 배양하는 혐기성 세균 배양법에는 BBL Campy pouch이 실험측정에 사용된다.

[가스팩 장치]

지금까지 여러 종류의 혐기성 세균 배양법과 기구들이 개발되었으며, 본 실험에서는 가장 일반적으로 사용되는 가스 팩 방법을 실시한다.

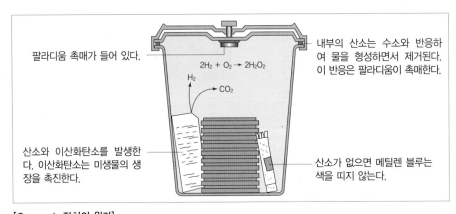

팔라디움 촉매가 들어 있다.

$2H_2 + O_2 \rightarrow 2H_2O_2$

H_2

CO_2

내부의 산소는 수소와 반응하여 물을 형성하면서 제거된다. 이 반응은 팔라디움이 촉매한다.

산소와 이산화탄소를 발생한다. 이산화탄소는 미생물의 생장을 촉진한다.

산소가 없으면 메틸렌 블루는 색을 띠지 않는다.

[Gas pak 장치의 원리]

① 혐기성 장치(Anaerobic jar)의 꾸껑을 열고 안쪽에 달린 그물망 속에 catalyst 10~20개를 건조시킨 후 넣는다.

② 혐기성 장치 내에 세균을 접종한 배지를 넣는다.

③ 메틸렌 블루 지시약을 봉지에서 꺼내 혐기성 장치 내에서 확인할 수 있도록 넣는다.

④ 가스발생 봉투의 한족 표시부분을 가로로 잘라내고 증류수 10mL를 넣는다.

⑤ 가스 발생 봉투를 용기 내에 넣고 뚜껑을 덮은 채 밀봉한다.

⑥ 메틸렌 블루 지시약이 무색으로 변하는지 확인하고 37℃ 배양기에서 1~3일 배양한다.

결과 및 고찰

① 매 24시간마다 집락형성 유무를 확인한다.

② 형성된 집락수를 확인한 후 그람염색 및 생화학적 성상 검사를 한다.

③ 현미경으로 관찰한다.

10진 희석법을 이용한 총균수 및 생균수 측정법

목 적

- 음식물, 음료, 우유 속에 살아 있는 세균 수(총균수 및 생균수) 측정 과정을 습득한다.
- 10진 희석방법을 통해 균을 측정하는 방법을 익힌다.
- 평판 배양법과 희석법을 인지한 후 정확한 균개체수를 평가한다.

실험재료

- *E. coli*이 배양된 Nutrient broth 또는 우유
- 45℃로 식힌 plate count agar(PCA), PCA 또는 NA(Nutrient Agar) 평판배지 7장 이상
- 멸균된 배양 접시
- 1mL 피펫, 마이크로 피펫, 생리 식염수, 증류수, colony counter

실험방법

1. 분광광도계(spectrophotometer)를 이용한 총균수 측정

   ① 7개의 test tube를 준비하여 각각에 10^{-1}~10^{-7}을 라벨링(labeling)한다.

   ② 생리식염수(0.85% NaCl)를 9mL씩 각각의 tube에 분주한다.

   ③ 배양액을 1ml 취하여 10^{-1} tube에 넣고 잘 섞이도록 vortex mixer로 혼합한다.

   ④ 10^{-1} tube에서 1ml을 취하여 10^{-2} tube에 넣고 vortex한다.

   ⑤ 10^{-2}에서 1ml을 취하여 10^{-3} tube에 넣고 vortex한다.

   ⑥ 반복하여 10^{-7}까지 10진 희석을 한다.

   ⑦ 미생물 배양액 또는 음료 원액, 10^{-1}, 10^{-2}, 10^{-3}, 10^{-4}로 희석한 희석액을 1ml 취하여 cuvet에 넣고 분광광도계 600nm에서 흡광도를 측정한다.

2. 주입 평판법에 의한 생균수 측정

   ① 멸균된 배양 접시 뒷면에 10^{-1}~10^{-7}을 라벨링(labeling)한다.

   ② ①에서 준비된 10^{-1}~10^{-7}의 희석액에서 1ml씩 취하여 각각의 라벨링한 10^{-1}~10^{-7} 배양 접시에 덜고 45℃로 식힌 PCA 배지를 15ml씩 첨가한 후 뚜껑을 덮고 희석액과 잘 섞이도록 천천히 배양 접시를 돌려준다.

③ 그대로 두어 배지가 불투명한 색으로 변할 때까지 굳힌 후 뒤집어 배양기에 넣고 37℃ 배양기에서 20~48시간 배양한 후 집락수가 30~300개인 배양 접시만을 골라 생균수를 측정한다.

3. 도말 평판법에 의한 생균수 측정

① 준비된 PCA 또는 NA 평판배지 뒷면에 10^{-1}~10^{-7}을 라벨링(labeling)한다.

② ①에서 준비된 10^{-1}~10^{-7}의 희석액에서 50 ㎕를 마이크로피펫(micropipette)으로 취하여 각각의 라벨링한 10^{-1}~10^{-7} 배양 접시에 덜고 콘라디봉을 이용하여 도말한다.

③ 액이 뻑뻑한 느낌이 들 때까지 문질러 도말한 후, 뒤집어 37℃ 배양기에서 20~48시간 배양한 후 집락수가 30~300개인 배양 접시만을 골라 생균수를 측정한다.

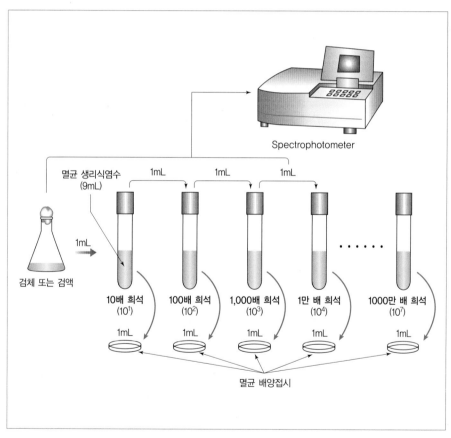

[희석법에 의한 생균수 측정]

1. 총균수의 계산

① 원액 및 10^{-1}~10^{-4} 희석액 1ml의 600nm 파장 흡광도(O.D)를 기입한다.

② O.D가 0.2~1.0 사이의 값이 나오는 희석배수를 선택한 뒤 1 O.D = 8.0 × 10^8cells/ml임을 감안하여 비례식으로 계산하여 총균수값을 산출한다.

예를 들어, 희석배수 10^{-3}일때의 O.D 값이 0.3이라면

1 O.D : 8.0 × 10^8cells/ml = 0.3 O.D : X_1

X_1 = 2.4 × 10^8cells/ml

희석배수가 10^{-3}이므로 곱해주면

X_1 = 2.4 × 10^8 × 10^3cells/ml = 2.4 × 10^{11}cells/ml의 총균수를 구할 수 있다.

희석배수	600nm 파장에서의 O.D	
원액		
10^{-1}		
10^{-2}		
10^{-3}		
10^{-4}		

2. 생균 수의 계산

① 일정 시간 배양 후 PCA 또는 NA 평판배지에서 30~300개의 집락을 형성한 plate 만을 선별한다.

② 형성된 집락수에 희석배수를 곱하고 가한 희석액의 ml 수를 곱하여 생균 수를 산출한다.

예를 들어, 희석배수 10^{-7}를 50㎕ 취하여 배양한 배양접시에서 20개의 집락수를 세었다면,
20cells × 10^7 / 0.05ml = 1 × 10^9cells/ml의 생균수가 존재함을 알 수 있다.

그람염색(Gram staining)

목 적

- 그람염색의 과정과 기본 원리를 습득한다.
- 그람염색에 의한 세균 염색 방법을 익힌다.
- 세균의 그람염색 결과에 따른 분류법을 인지한다.

이 론

그람염색법은 다양한 종류의 세균을 동정하거나 분류할 때 가장 많이 사용되는 방법이다. 세균은 그람 염색결과에 따라 두 가지 종류로 나눌 수 있는데, 탈색제(decoloring agent)를 처리한 후에도 crytal violet-iodine complex가 탈색되지 않고 보라색을 나타내는 그람 양성균과 탈색이 되는 그람음성균이 있다.

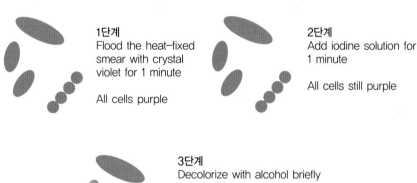

1단계
Flood the heat-fixed smear with crystal violet for 1 minute

All cells purple

2단계
Add iodine solution for 1 minute

All cells still purple

3단계
Decolorize with alcohol briefly —about 30 seconds

Gram-positive cells are purple;
Gram-negative cells are colorless

그람염색의 실험결과는 여러 관점으로 설명할 수 있으나, 일반적으로 세포벽의 물리적 특성이 서로 다르므로 염색 결과가 다르게 나타난다. 그 증거로 그람 양성균의 세포벽을 제거한 후 그람염색하면 그람 양성균이라 할지라도 그람 음성균처럼 염색된다. 즉, 펩티도글리칸 자체가 염색되는 것이 아니라 그람 양성균의 두꺼운 펩티도글리칸 층이 crytal violet이 제거되는 것을 방지한다.

미생물의 그람염색 시에는 crytal violet으로 세균을 염색한 후 요오드를 넣어 염료가 잘 부착되도록 한다. 요오드 처리과정을 거친 후 에탄올 탈색 과정이 진행되면 그람 양성균에서는 알코올리 두꺼운 펩티도글리칸을 수축시키며 염료가 빠져나갈 수 있는 구멍을 차단하여 iodine과 결합된 염료가 탈색 과정에서 본래의 보라색을 유지하게 되는 것이다. 반면 그람음성균은 펩티도글리칸 층은 얇으며 중간에 연결된 부분들이 적어 분자 사이에 큰 구멍이 뚫려 있다. 혼합구조물을 알코올로 처리 후 지방을 제거하면 그람 음성균의 세포벽의 구멍은 더 커지게 되어 알코올은 그람음성균에서 crytal violet-iodine complex를 쉽게 분리할 수 있다.

실험재료

- 슬라이드 글라스, 백금이, 알코올 램프
- 고체 배지나 액체 배지에서 배양된 그람 양성균
- 염색약
  - crytal violet 용액 : crytal violet 0.5g, 증류수 100mL
  - iodine 용액 : 요오드 1g, KI 2g, 증류수 300mL
  - 탈색제 : 95% 에틸알코올
  - Safranin-O 용액 : Safranin-O 250mg, 95% 에틸알코올 10mL, 증류수 500mL

실험방법

① 슬라이드글라스 표면을 깨끗하게 한다.
② 배양된 균액을 잘 흔든 후, 백금이로 떠서 슬라이드글라스에 지름 약 1.5~2 cm정도의 크기로 균을 넓게 펴 바른다.
③ 균을 펴 바른 뒷면을 알코올 램프 불꽃 위로 빠르게 몇 차례 왕복하면서 균을 건조시켜 슬라이드글라스 표면에 고정한다.
④ 고정된 균 위에 Crystal violet 용액을 1~2 방울 스포이드로 가한 후 1분간 염색한다(a).
⑤ 균 고정화된 부분에 직접 물이 닿지 않도록 조심스럽게 슬라이드글라스 표면의 Crystal violet 용액을 씻어낸다. 슬라이드글라스 뒷면에 물을 떨어뜨려 앞면으로 타고 넘어가도록 하는 간접세척을 해도 좋다(b).

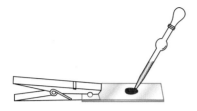

(a) crystal violet, 1분

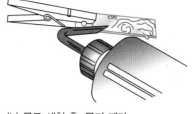

(b) 물로 세척 후, 물기 제거

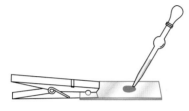

(c) iodine, 1분

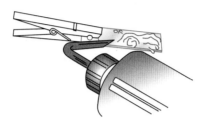

(d) 물로 세척 후, 수분 제거

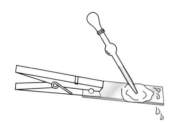

(e) 95% 알코올, 30초

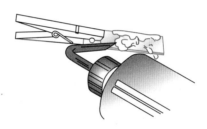

(f) 물로 세척 후, 잔여수분 제거

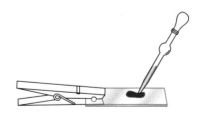

(g) Safranin-O, 1분

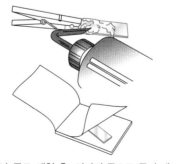

(h) 물로 세척 후, 여과지 등으로 물기 제거

[Gram staining 실험 방법]

⑥ 물기를 가능한 제거 후, iodine-용액을 1~2방울 떨어뜨려 1분간 매염한다(c).

⑦ 5번의 방법과 마찬가지로 흐르는 물에 조심스럽게 세척 후, 물기를 최대한 제거한다(d).

⑧ 95% 에탄올을 1~2방울 떨어뜨려 30초간 탈색한다(e).

⑨ 5번의 방법과 마찬가지로 흐르는 물에 조심스럽게 세척 후, 물기를 최대한 제거한다(f).

⑩ Safranin-O용액을 1~2방울 떨어뜨려 1분간 염색한다(g).

⑪ 5번의 방법과 마찬가지로 흐르는 물에 조심스럽게 세척 후, 여과지 등으로 물기를 제거한다(h).

⑫ 현미경으로 관찰한다.

결과 및 고찰

- 그람양성균의 종류 : *Bacillus* 속, *Leuconostoc* 속, *Lactobacillus* 속, *Staphylococcus lactis*, *Staphylococcus aureus*, *Clostridium tetani* 등
- 그람음성균의 종류 : *E.coli*, *Pseudomonas* 속, *Vibrio* 속, *Salmonella* 속 등

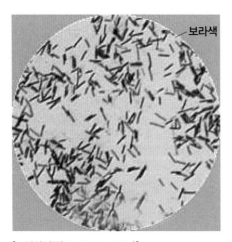

[그람양성균(*Bacillus subtilis*)]

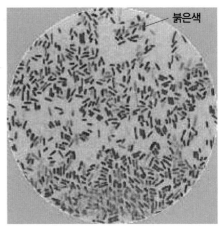

[그람음성균(*E. coli*)]

세균의 생육 곡선

목 적

- 세균의 배양 시간에 따른 균체량(균수) 변화를 살펴본다.
- 생균수의 정확한 측정 방법에 대하여 숙지한다.
- 분광광도계(spectrophotometer)로 균수를 구하는 방법을 익힌다.
- 생육곡선 그래프로부터 균수가 2배로 증가하는 세대 시간(generation time)을 구한다.

이 론

1. 생육 곡선

미생물의 생육곡선은 배양 시간의 경과에 다라 생균수 또는 총균수를 측정하고 그래프에 표시하여 나타낸다. 그래프에 나타난 생육곡선의 x축은 배양시간, y축은 배양평판법(plate method)으로 측정한 생균수의 log 혹은 분광광도계로 측정한 총균수 값을 나타낸다. 생육 곡선은 일반적으로 변화 형태에 따라 유도기→대수기→정지기→사멸기와 같은 단계로 이루어진다.

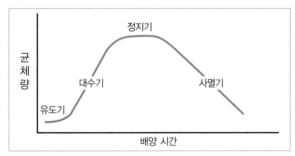

[미생물의 생육 곡선]

1) 유도기(lag phase)

미생물이 새로운 환경에 적응하는 시기이다. 유도기에는 균수의 증가가 거의 없으며 미생물이 증식을 준비하며 세포의 구성물질, 효소 및 RNA 합성과 세포의 크기가 증가한다. 유도기의 깊이는 세포의 상태, 배양 조건, 접종된 미생물의 상태 등에 의해 영향을 받는다.

2) 대수기(log phase)

세포가 왕성하게 증식하는 시기로 세포의 생리적 활성이 가장 높고, 균수는 대수적으로 증가하여 최대의 균수에 이르기까지 일정하게 계속 두 배로 증가한다. 이렇게 균수가 두 배로 되는 시간을 세대 시간(generation time)이라 한다. 일반적으로 이 시기에서 세대 시간이 가장 짧고 일정하기 때문에 세대시간을 대수기에서 측정한다.

3) 정지기(stationary phase)

대수적으로 증가된 세포는 일정 기간이 지나면 세포수의 증가와 감소가 같게 되어 세포의 수는 더 이상 증가하지 않는다. 이는 영양 물질의 고갈과 대사 산물의 축적 또는 균의 과밀화에 기인하는 것으로 일정한 농도치에 이르게 되면 생균의 증가활동이 정지하는 시기를 의미한다. 이 시기에 세포는 세포 외 효소를 많이 분비하고 포자 형성균은 포자를 형성한다.

4) 사멸기(death phase)

생균수가 감소하는 배양의 최종 단계로 유해 대사산물 및 자기소화에 의해 사멸과 용균(lysis)으로 세포수가 감소하게 되는 시기이다.

2. 세대시간(generation time)

세대시간은 세포가 한 번 분열하는 데 걸리는 시간을 의미하는 것으로 생육 곡선을 작성한 후 대수기의 영역으로부터 구할 수 있다. 일반적인 세균의 경우 2분열균이 대부분으로 세대시간과 배가시간(doubling time)을 동일하게 보는 경우가 많다. 세대시간은 미생물의 배양시간(x 축)에 따라 얻어진 생균수 혹은 흡광도의 $\log$값(y 축)을 반대수(semi-log) 그래프에 표시한 후 대수기로부터 다음과 같은 공식을 이용하여 세대 시간을 구한다.

$$g = \frac{t(\log 2)}{\log N_t - \log N_o}$$

여기서 g는 세대시간(분), N_o는 대수기에서 어느 시점의 균수(흡광도), N_t는 N_o에서 t시간 후의 균수(흡광도), t는 경과시간(분)이다.

다음 그림에서 90분일 때의 균수 8×10^4와 120분일 때의 균수 3.2×10^5를 선택하면, t=30분, N=3.2×10^5, , N_o=8×10^4이므로 세대시간은 15분이다.

$$g = \frac{30 \times (\log 2)}{\log(3.2 \times 10^5) - \log(8 \times 10^4)} = 15$$

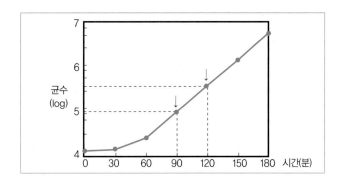

실험재료

- Nutrient broth에서 10~12시간 배양된 대장균
- 100mL nutrient broth(면전한 250mL 삼각 플라스크)
- 100mL nutrient agar 세 개
- 멸균증류수 99mL 21개
- 멸균 피펫(1mL, 10mL)
- 멸균 처리한 배양접시
- 분광광도계(spectophotometer)
- 7℃ 진탕배양기

실험방법

① Nutrient agar를 멸균한 후 50℃의 항온 수조에 보관한다.

② 멸균한 병을 세 개씩 7세트에 증류수 99mL를 넣어 멸균하여 배양시간(0분, 30분, 60분, 90분, 120분, 150분, 180분)과 희석배수(10^{-2}, 10^{-4}, 10^{-6})를 표시한다.

③ 배양시간별 접시를 네 개씩 준비하여 멸균시킨 후 각각 10^{-4}, 10^{-5}, 10^{-6}, 10^{-7}로 표시한다.

④ 살균된 피펫으로 대수기의 *E. coli* 배양액 5mL를 nutrient broth 100mL가 들어 있는 삼각플라스크에 접종한다.

⑤ 배양액 5mL를 멸균하여 채취한 후 배양 시간 초기의 흡광도를 측정한다.

⑥ 1mL의 배양액을 0분, 10^{-2} 멸균 증류수 99mL에 옮긴 후 단계적으로 10^{-4}, 10^{-6}으로 희석한다.

⑦ 배양된 용액을 37℃의 온도로 진탕 배양기에서 배양시킨다.

⑧ 희석시킨 배양 시간 0분의 시료들을 plate에 시료를 이동시킨다.

⑨ 멸균된 nutrient agar 15mL를 plate마다 붓고 잘 섞이도록 plate를 돌려준다.

⑩ ⑥의 배양시킨 시료를 30분 간격으로 시료를 채취하여 ⑤~⑨과정을 반복한다.

⑪ 배지가 완전하게 굳힌 것을 확인한 후 뒤집어 37℃에서 24~48시간동안 배양한다.

결과 및 고찰

① 배양 시간에 따른 생균 수 및 흡광도값을 기록하여 생균수와 흡광도 값을 표기한다.

배양시간(분)	생균수(cfu/mL)	흡광도(600nm)
0		
30		
60		
90		
120		
150		
180		

[기록지]

② 그래프 x축에 배양 시간, y축에 생균수 및 흡광도의 log값을 표시한 후 점 사이를 직선으로 연결하여 분열도를 확인한다.

③ 생균 수 및 흡광도를 측정하여 나타낸 그래프에서 분열을 반복하여 증식시간을 구한다.

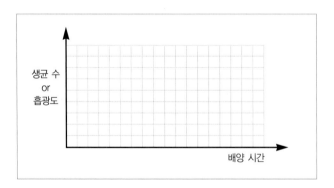

우유의 품질 판정

목 적

- 우유의 품질측정방법을 익히도록 한다.
- 메틸렌블루 환원 시험법을 습득하도록 한다.
- 우유 속 세균수에 따라 세균이 변하는 원리를 이해한다.

이 론

1. 메틸렌 블루 환원능 시험

메틸렌 블루 환원능 시험은 우유 속에 존재하는 미생물의 대사능을 측정하여 우유의 품질을 판정하는 방법이다. 우유 속에 많은 세균이 발육하여 우유 속의 용존 산소가 소모될수록 우유의 산환환원전위가 낮아지게 된다.

메틸렌 블루 1mL(2,5000:1로 희석)를 우유 10mL에 첨가하여 35℃ 온도에서 배양한다. 배양 기간을 통해 중 세균이 발육함에 따라 멜틸렌 블루의 색소들이 환원되어 탈색되게 되는 기간을 MBRT(Methylene Blue Reduction Time)이라고 한다. MBRT기간이 짧을수록 우유 속에 많은 세균이 존재하는 것을 의미하며, 저급우유(poor quality milk)로 판정하게 되므로 MBRT는 우유 등급 판정의 중요 지표로 작용한다.

원유 중에 존재하는 *Streptococcus lactis*나 대장균과 같은 세균은 강한 환원력을 갖고 있어 원유의 품질에 영향을 미친다. 그러나 35℃의 환경에서 발육하지 못하는 저온균 및 고온균, 내열균들과곰팡이, 결핵균과 같은 미생물들은 발육속도가 더디므로 이 실험으로 반응을 나타내지 않을 수 있다는 문제점이 있다.

2. 우유의 등급(grading of milk)

1) 품질보증원유(certifiled milk-raw)

품질보증원유는 유제품 표준국에 의해 품질이보증된 원유(raw milk)로 기준도는 국가별로 다르게 나타나나 통상적으로 우유 1mL 내 세균수가 1만을 초과해서는 안된다. 세균수과 기준값을 초과할 때는 등급을 나누어 품질도를 평가하게 된다.

① A급 원유(grade A raw milk)

A등급의 원유는 평판 배양한 집락수가 5만 cfu/mL이거나 직접 검경법으로 측정한 결과값이 5만/mL 이하 혹은 개체균수가 20만/mL를 초과해서는 안된다. 메틸렌 블루 환원시간은 8시간이어야 한다.

② B급 원유(grade B raw milk)

A급 원유의 기준에는 미달하지만 평판배양 결과 100만 cfu/mL이며, 검경법 측정결과값이 100만/mL, 총개체균수 400만/mL이하여야 한다. B급 우유의 평가도를 측정하기 위한 시간은 3분 30분 이상이 소요된다.

③ C급 원유(grade C raw milk)

B급 원유 기준에 미치지 못하는 단계의 우유를 의미한다.

2) 멸균된 품질보증원유(certified milk Pasteurized)

물리적, 화학적인 방법을 가하여 원유를 살균처리 후 등급기준에 따라 분류한 우유를 말한다.

① A급 멸균 우유(grade A Pasteurized milk)

A급 원유의 기준에 따라 멸균, 냉각, 분주과정을 거친 것으로 멸균 후로부터 소비되는 시간까지 측정되는 균수가 3만/mL를 초과해서는 안 된다.

② B급 멸균 우유(grade B Pasteurized milk)

B급 원유를 기준에 맞도록 멸균처리한 원유를 의미하는 것으로 멸균 후 소비과정까지 균수가 5만/mL를 넘어서는 안 된다.

③ C급 멸균 우유(grade C Pasteurized milk)

B급의 기준에 미치지 못하는 원유를 장기간 보존하기 위하여 멸균과정과 냉각하여 분주한 것을 말한다.

실험재료

- 멸균된 screw cap tube
- 멸균된 메틸렌 블루 용액(20,000:1 또는 25,000:1 희석용액)
- 멸균 피펫
- 35℃ 배양기
- 시료(우유)

실험방법

① 준비된 두 개의 test tube에 우유의 종류를 적는다.

② 검사할 우유를 10mL씩 덜어내어 각각의 test tube에 넣는다.

③ 각 tube에 메틸렌 블루 용액을 1mL씩 넣은 후 고무마개로 막고 세 번 정도 뒤집어 섞는다.

④ Label에 실험시간을 기입한 후 35℃의 배양기에 넣어 배양한다.

⑤ 5분 후 tube를 꺼내어 다시 한 번 뒤집어 섞어 준다.

⑥ 30분 간격으로 탈색여부를 확인하여 80% 이상 백색으로 변화될 때의 시간을 환원시간으로 판정 후 기록한다.

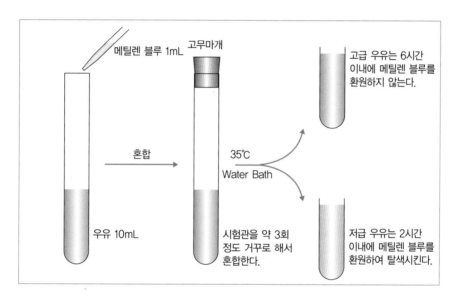

결과 및 고찰

등 급	우유의 질환	원시간
1등급	고급(excellent)	8시간 이상
2등급	중급(good)	6~8시간 내
3등급	저급(fair)	2~6시간 내
4등급	최저급(poor)	2시간 이내

[우유별 등급평가도]

식품에서 젖산균의 분리 배양

목 적

- 젖산균(lactic acid bacteria)의 분리 방법과 관찰 방법을 익힌다.
- 발효식품에 포함된 젖산균을 분리하는 방법을 습득하도록 한다.
- 젖산균의 특성을 이해한다.

이 론

젖산균은 포도당을 발효하여 형성되는 최종 대사 산물로 형성되는 그람양성균이다. 구형 젖산균으로는 *Streptococcus lactis*, *S. cremoris*, *Pediococcus* 속 및 *Leuconostoc* 속이 있으며, 간균으로는 *Lactobacillus casei*, *L. bulgaricus*, *L. acidophilus* 등 *Lactobacillus* 속의 여러 세균들이 있다. 세균들은 발육온도, 영양요구도, 산소필요량, 내열성, 내염성, 내산성 및 젖산 생산성 등의 성질이 모두 다르다.

Lactobacillus 속은 일반적으로 젖산에 대한 내성이 강하므로 산도(acidity)가 높은 발료제품의 제조에 단일 균종 또는 두 종류 이상이 사용된다. 이렇게 제조된 제품에서는 균주 특유의 발효냄새와 산미, 감미가 나타낸다. 발효음료 제조에 멸균 탈지우유를 원료로 하여 *L. bulgaricus*를 접종하면 40~45℃의 온도와 4~5시간 정도의 배양시간이 요구되며 *S. lactis*와 *S. cremoris*를 접종하면 28~30℃에서 14~16시간, *L. bulgaricus*를 병용할 경우 32℃에서는 8~10시간 배양한다. 배양 후의 발효제품은 0.7~0.8% 정도의 산도를 함유하게 된다.

실험재료

- 젖산균 발효 식품(액상 요구르트, 소프트 요구르트, 생우유, 김칫국)
- MRS 배지(*Lactobacillus* 선택 배양 시는 0.02% sodium azide 첨가)
- 우유배지(skim milk power 60g, 증류수 540mL)
- 백금이, 멸균피펫, 삼각플라스크, 알코올 램프
- 37℃ 정도의 배양기
- 멸균 배양접시, 멸균생리식염수(0.89% NaCl)

1. 젖산균의 분리 배양

① 선택한 시료 1mL를 멸균생리식염수 9mL에 넣어 섞은 후 10배씩 3회 계단희석한다.

② 각각의 희석액 1mL을 멸균된 배양접시에 덜어 놓은 후 멸균 후 식힌 MRS 배지를 넣어 잘 섞는다.

③ 37℃ 온도의 배양기에서 24~48시간 가량 배양후 집락수를 관찰한다.

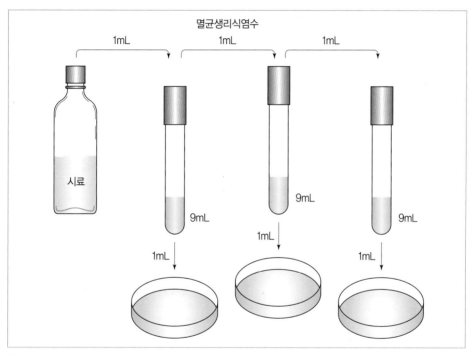

[젖산균의 분리배양과정]

2. 젖산음료의 관찰 및 산도 측정

① 전배양(pre-culture) : 우유배지를 시험관에 넣은 후 시료를 0.5mL씩 더하여 37℃에서 24시간 동안 배양시킨다.

② 본배양(main culture) : 우유배지를 삼각플라스크에 넣은 후 전배양한 균액 2%를 접종한 후 37℃의 온도에 둔 후 7일간 배양시킨다.

③ 매일 일정량의 균을 채취하여 색, 냄새, 맛, pH, 질감, 산도 등을 관찰한다.

④ 총 산도 측정방법

- 삼각플라스크에 증류수 10mL, 시료 10mL를 넣어 끓인 후 CO_2를 제거한다.
- 냉각한 삼각플라스크에 1% 페놀프탈레인 용액을 5방울 정도 떨어뜨린다.
- 뷰렛을 이용하여 0.1N NaOH 표준용액으로 연보라색으로 변화할 때까지 적정하여 총 산도를 확인한다.

$$\text{총 산도} = \frac{\text{NaOH 적정량(ml)} \times \text{적정액의 노르말 농도} \times 9}{\text{시료의 무게(g 또는 ml)}}$$

결과 및 고찰

1. 젖산균의 동정

분리배양과 산도 측정을 통해 얻어진 결과들을 토대로 일반적으로 알려진 젖산균의 성질과 비교하여 배양한 결과가 젖산균인가에 대해 확인하고 검토한 colony를 현미경으로 관찰한다.

2. 생균수 관찰

실험 9의 10진 희석법에 의한 세균수 측정법을 통해 생균수를 관찰한다.

3. 젖산음료의 관찰 및 산도 측정

각각의 항목을 관찰하여 비교한다.

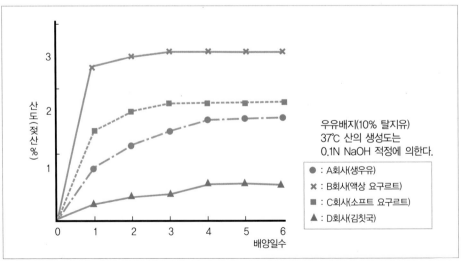

[배양시간에 따른 젖산균의 산도 변화]

① 냄새 : 산(acid) 냄새, 흙 냄새, 방향성 냄새, 부패한 냄새 등

② 색 : 갈색, 분홍, 볏짚색, 미색 또는 무색

③ 맛 : 신맛, 단맛, 쓴맛, 짠맛

④ 질감

• soft : *L. plantarum*으로 발효시켰을 때의 반응

• slimy : 높은 온도에서 *L. cucumeris*를 신속발효할 때 끈적한 정도

• rotted : 새균, 효모, 곰팡이 등으로 부패된 상태

⑤ pH측정 : pH meter로 측정

⑥ 총 산도 측정(% lactic acid) : 관찰법과 반응도 등의 산도법으로 측정

목 적

- 공기 중에 여러 종류의 미생물들이 존재함을 인지한다.
- 공중낙하균의 종류와 수를 검사하여 식품위생에 대해 생각해 본다.
- 공중낙하균 검사법은 조리실, 식당 등의 장소의 오염도를 측정하는 검사법임을 이해한다.
- Petrifilm^{Tm} 사용법에 대하여 익히도록 한다.

실험재료

- 현미경, 배양기, 백금이, 멸균 배양접시
- 멸균증류수, test tube, 피펫
- Nutrient agar
- 그람 염색약, Petrifilm^{Tm}

실험방법

1. Nutrient agar plate 이용

① Nutrient agar를 멸균 후 배양 접시에 분주하여(약 25mL) 한천평판 배지(agar plate)를 만든다.

② 한천평판 배지를 지정된 장소(조리실, 식당, 실험실, 옥외 등)에 두고 5분 정도 뚜껑을 열어둔 채 공중낙하균을 부착시킨다.

③ 27~37℃의 온도에서 배양하며 미생물에 따라 세균은 20~48시간, 곰팡이는 72~96시간 동안 배양한다.

④ 식중독균과 같은 병원균은 37℃에서 배양한다.

⑤ 배양된 미생물의 종류별 집락과 형태를 관찰한다.

⑥ colony를 선택한 후 그람 염색을 실시하여 세균을 판별한다.

2. Petrifilm^{Tm}

① Petrifilm^{Tm}에 멸균생리식염수를 1mL 주입한다.

② 필름을 덮고 누름판으로 눌러 원형을 만들어 준다.

③ 최소 1시간 동안 겔화시킨다.

④ 지정장소에서 상부필름을 완전히 열어 놓으며 테이프로 고정시키도록 한다.

⑤ 15분 정도 그대로 둔 후 배양기에 넣어 배양시킨다.

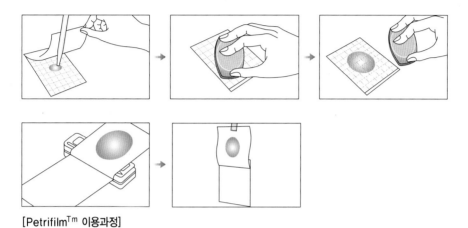

[Petrifilm^{Tm} 이용과정]

참고사항

1. Petrifilm^{Tm} 배양지

① 미생물 성장에 필요한 영양소, 수용성 겔(gel) 및 균체(colony) 지시약들을 필름에 특수 코팅시킨 필름배지다.

② 시료 1mL 필름배지에 접종 후 배양시키면 균들이 색소로 염색되므로 균의 유무와 균수 측정에 매우 용이하다.

③ 시료를 접종시킨 결과값을 통해 검사한 장소의 위생상황을 점검할 수 있는 방법이다.

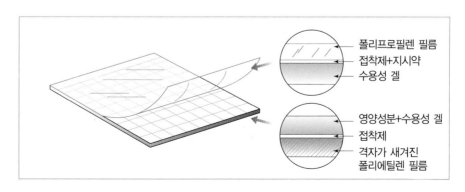

폴리프로필렌 필름
접착제+지시약
수용성 겔

영양성분+수용성 겔
접착제
격자가 새겨진
폴리에틸렌 필름

2. 접종방법

1단계

상부필름을 걷어 올리고 하부필름의 중앙에 시료 1mL를 수직으로 접종한다. 대장균군과 대장균 배지는 중앙의 약간 윗부분에 접종한다(접종과정에서의 기포발생 방지).

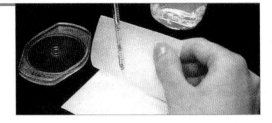

2단계

상부필름을 부드럽게 위에서 아래로 덮는다. 이때 상부필름을 빨리 놓게 되면 기포가 생겨서 결과가 불명확해진다.

3단계

누름판은 필름상부에 올려놓고 살짝 눌러준다(원이 형성될 때까지 그 상태 유지). 30~60초 후에 겔화가 완료되면 배양기로 옮겨준다.

아이스크림의 일반 세균 검출

목 적

- 아이스크림에서 일반 세균 검출 방법에 대하여 습득한다.
- 가공과정의 위생상태를 점검할 수 있는 유제품내의 세균 수 측정법을 익힌다.

실험재료

- 아이스크림
- 멸균증류수, test tube, 피펫
- PCA agar, 배양접시
- 37℃ 배양기

실험방법

① 아이스크림을 실온에서 녹여 잘 혼합한다.

② 녹은 아이스크림을 멸균증류수에 넣어 희석시킨다.

③ 1:100 희석용액 1mL를 배양 접시에 옮긴다.

④ 1:1,000으로 희석시킨 용액을 배양접시에 1mL를 넣고, 9mL 멸균증류수가 담긴 test tube에 희석용액 1mL를 넣어 혼합시킨다.

⑤ 1:1,0000으로 희석한 용액 1mL를 각각 배양 접시에 떨어뜨린다.

⑥ 45℃ 온도의 plate count agar(PCA)를 검체희석액(1mL)이 들어 있는 배양 접시에 붓고 검체와 배지가 섞이도록 가볍게 흔든다.

⑦ 배지가 완전히 응고된 것을 확인한 후 뒤집어 37℃ 배양기에 48시간 배양시킨다.

⑧ 적정배양시간 이후 30~300개 사이의 집락수를 나타내는 평판을 측정한 후 희석배수를 곱한다.

빵 또는 떡류에서의 미생물 검사

목 적

- 빵 또는 떡류 제품의 규격을 파악한다.
- 빵 또는 떡류 제품의 미생물 검사 방법에 대하여 익힌다.

이 론

1. 정의

빵 또는 떡류라 함은 밀가루, 쌀가루, 찹쌀가루 또는 기타 곡분을 주원료로 하여 이에 다른 식품 또는 식품첨가물을 가하여 제조 특성에 따라 발효, 팽창, 소성, 증숙 또는 유탕처리 등 가공공정을 거친 식빵, 케이크류, 빵, 도넛, 떡류 등을 말한다.

2. 식품유형

식품공전에 나타난 각 상품들의 정의는 다음과 같다.

① 식빵

밀가루 또는 기타 곡분을 주 원료로 하여 이에 식염, 계란, 효모 등을 가하여 발효시킨 후 그대로 냉동시킨 것이거나, 구운 것으로서 대용식을 주 목적으로 하는 것이다.

② 케이크류

밀가루, 곡분, 계란, 당류 등을 주 원료로 하여 발효시키지 아니하고 굽거나 증숙한 것이다.

③ 빵

밀가루 또는 기타 곡분을 주 원료로 하여 이에 식품 또는 식품첨가물 등을 가하여 발효시키거나 발효하지 않고 냉동한 것, 구운 것 또는 증숙한 것으로서 식빵 및 케이크류에 해당되지 않는 것을 말한다.

④ 도넛

곡분 등을 주원료로 하여 이에 다른 식품 또는 식품첨가물 등을 가하여 그대로 유탕처리한 것과 발효 또는 팽창시킨 후 유탕처리한 것을 의미한다.

⑤ 떡류

쌀가루, 찹쌀가루 또는 기타 곡분을 주원료로 하여 이에 식염, 당류, 곡류, 두류, 채소류, 과실류 또는 주류 등을 가하여 열처리한 후 익힌 것으로, 전통적인 식생활 관습에 따라 제조된 것을 말한다.

⑥ 기타 빵 또는 떡류

식품유형 ①~⑤에 정하여지지 않은 것으로 그대로 또는 가열하여 섭취할 수 있도록 제조·가공한 피자, 파이류, 만두류, 핫도그 등을 말한다.

3. 규격

① 성상: 고유의 향미를 가지고 이미와 이취가 없어야 한다.

② 산가: 2.0 이하(유탕처리식품에 한한다.)

③ 과산화물가: 40.0 이하(유탕처리식품에 한한다.)

④ 타르색소: 검출되어서는 안된다(식빵, 카스테라에 한한다.).

[보존료의 기준]

구 분	보존료
프로피온산 프로피온산나트륨 프로피온산칼슘	2.5 이하(프로피온산으로서 기준하며, 빵 또는 케이크류에 한한다.)
소르빈산 소르빈산칼륨	1.0 이하(소르빈산으로서 기준하며, 팥 등 앙금류에 한한다.)

⑤ 인공감미료: 검출되어서는 안된다(식빵에 한한다).

⑥ 보존료(g/kg): 다음에서 정하는 보존료는 아래 기준에 적합하여야 한다.

⑦ 황색포도상구균: 음성이어야 한다(단, 크림빵에 한한다).

⑧ 살모넬라균: 음성이어야 한다(단, 크림빵에 한한다).

4. 식중독균의 특성

① 포도상구균(*Staphylococcus*)

일반적으로 저항력이 강하여 사람이나 동물의 건강한 피부, 비강, 구강, 쓰레기, 하수, 분변 등 자연계에 널리 분포되어 있기 때문에 식품에 오염되기 쉽다. 이 균은 그람양성구균으로 발육 최적온도는 37℃이며, 그 배열이 포도송이와 비슷하다.

② 살모넬라균(*Salmomella*)

동물계에 널리 분포되어 있으며 보통 크기가 2~3㎛이며, 포자가 없는 그람양성균으로서 편모가 있어 운동성이 있다. 호기성 또는 통혐기성이며, 일반배지에서도 잘 자라고 24~48시간 정도에 지름 2~3mm의 대장균과 유사한 colony를 만든다. 최적온도는 37℃가 최적이고, pH는 7~8이다. 포도당, 맥아당, mannitol을 분해하고 산과 가스를 생성하며 indole을 생산하지 않는다. 또한 유당, 설탕, salicine, adonitol을 분해하지 않으며 우유응고, urea 분해, 젤라틴 액화 등의 작용도 하지 않는다.

실험방법

1. 포도상균 배양

　① 크림빵의 크림 10g을 무작위로 취한 후 멸균생리식염수 90mL를 넣어 균질화한다.

　② 난황첨가 만니톨 식염한천배지에 접종하여 37℃에서 16~24시간 배양한다.

　③ 배양결과 난황첨가 만니톨 식염한천배지에서 노란색 불투명 집락수(만니톨 분해)를 나타내고 주변에 혼탁한 백색환(난황반응 양성)이 있는 집락은 다음의 확인시험을 실시한다.

2. 확인 시험

　① 집락을 보통한천배지로 옮겨 37℃에서 18~24시간 배양한 후 그람염색을 실시하여 그람양성 구균을 확인한다.

　② 현미경 관찰결과 포도상의 배열을 갖는 그람양성구균으로 확인되면 coagulase 시험을 실시한다.

　③ 토끼혈청(신선혈청은 5%, 건조혈청의 용액은 10%)을 가한 생리식염수를 멸균한 시험관에 0.5~1mL씩 무균적으로 분주한다.

　④ 여기에 분리배지상의 집락에서 직접 또는 보통한천배지에서 순수 배양시킨 시료균 한 백금이를 접종하여 37℃에서 배양한다.

　⑤ 배양 후 3, 6, 24시간의 각 시간에서 응고 물질 생성 여부를 판정하며 응고 또는 섬유소(fibrin)가 석출된 것은 모두 coagulase 양성으로 하며, 이상과 같이 확인된 것은 황색포도상구균 양성으로 판정한다. 시험에 있어서는 coagulase 양성균 및 균주접종의 음성대조균도 함께 실험한다.

3. 살모넬라균

　크림빵 10g을 무균적으로 균질화하여 실험 18에서와 같이 실험한다.

손, 행주, 도마의 위생 검사

목 적

- 손에 존재하는 많은 미생물은 작업 과정 중 식품 또는 기구 등을 오염시켜 식중독의 원인이 될 수 있으므로 이러한 미생물을 제거하기 위해서 올바른 손 씻기의 중요성에 대해 인식한다.
- 손의 위생검사를 함으로써 손 세척방법의 설정과 적절한 세제와 살균 소독제의 선택 및 사용을 할 수 있도록 한다.
- 식기, 기구 등은 세척법과 면봉 등에 의한 위생 검사를 익힌다.

실험재료

- PCA 또는 nutrient agar
- 배양접시, 멸균생리식염수, Petrifilm™(일반세균 및 대장균군용), Swab kit
- 멸균희석병, 멸균피펫, 멸균가위, 멸균핀셋, 가제
- 행주, 도마
- 37℃ 배양기, 멸균면적기(10cm²의 면적을 가지는 금속테)

실험방법

1. 손의 검사

① 멸균한 PCA(또는 nutrient) 한천을 배양 접시에 분주한다.

② 굳은 후에 손을 얹었다 뗀다.

③ Petrifilm™을 이용할 경우에는 멸균증류수 1mL를 주입한 후 필름을 덮고 누름판을 눌러 원형을 만든 후 겔화시킨 다음에 손을 얹었다 뗀다.

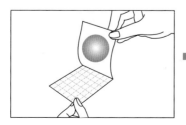 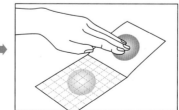

면봉액을 적신 후 시험관 안쪽
을 눌러서 과다한 수분을 제거
한다.

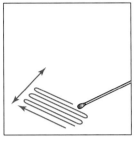

표면과 30도 각도로 천천히
정해진 면적의 표면을 문질러
준다.

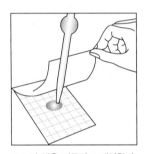

1mL의 액을 접종하고 배양한다.

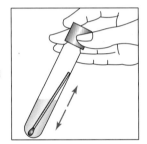

Swab이 끝나면 면봉을 희석액
에 넣은 후 뚜껑을 닫고 10초
간 흔들어 준다.

④ Swab kit을 이용할 경우에는 손톱 밑, 손가락 사이, 손바닥 전체에 대해서 면봉을 이용하여
검체를 채취한다. 채취된 검체 중 1mL를 취하여 Petrifilm^{Tm} 또는 PCA agar에 주입한다.

⑤ 배양기에서 배양한다.

⑥ 손을 씻은 후에도 같은 방법으로 실시한다.

2. 행주의 검사

① 행주에는 직접 손을 접촉시키지 않고 멸균한 핀셋과 가위를 이용하여 무균적으로 행주를
10×10cm의 크기로 자른다.

② 약 100mL 용량의 멸균 희석병에 잘라낸 행주를 넣고 멸균 가위로 세절한다.

③ 여기에 멸균증류수 50mL를 가하고 강하게 진탕하여 검액을 만든다.

④ 검액 및 이것의 10배, 100배, 1000배의 희석액 1mL씩을 각각 2매의 배양 접시에 넣고 한
천배지를 넣은 다음 혼합한다.

⑤ 37℃, 48시간 배양한 후 2개의 평판에 나타난 집락수의 합계에 25를 곱하고, 또 희석배수를 곱하여 100㎠당 균수를 산출한다.

3. 도마의 검사

① 멸균희석병에 가제 4개를 넣고 멸균생리식염수 1mL씩 적셔서 고압증기멸균을 행한다.

② 멸균면적기를 이용하여 도마의 네 군데(각각 면적 10×10cm)에서 각 1개씩의 멸균가제를 이용하여 미생물을 취하고 멸균병에 넣는다.

③ 멸균가위를 이용하여 병 속에서 무균적으로 가제를 작게 자르고 멸균생리식염수 40mL를 가한 후 강하게 진탕하여 검액으로 사용한다.

④ 검액 및 이것의 10배, 100배, 1000배 등의 각 희석액 1mL씩을 두 매의 배양 접시에 넣고 보통 한천배지를 넣은 다음 혼합한다.

⑤ 37℃, 48시간 배양한 후 두 개의 평판에 나타난 집락수의 합계에 5를 곱하고, 또 희석배수를 곱하여 100㎠당 균수를 산출한다.

결과 및 고찰

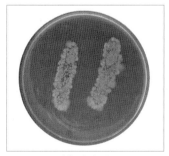

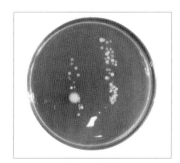

(a) 씻기 전   (b) 씻은 후   [손의 검사]

[행주]

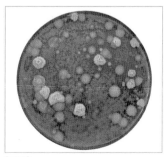

[도마]

대장균군 검사

목 적

- 식품 중에 병원균이 존재해서는 안 된다. 그러나 모든 식품에 대해서 병원균 존재 여부를 검사하는 것은 불가능하므로 이런 병원균의 존재 여부와 관련성이 높고, 검사에 용이한 대장균군(coliform group)을 분변오염의 지표세균으로 하고 있다.
- 대장균군이 검출된 식품에는 소화기계 병원균이 존재할 가능성이 높으며 그 식품의 제조나 보관상태가 불결했다는 증거이다.
- 대장균군이란 그람음성, 무포자를 간균이며 유당을 분해하여 가스를 발생하는 호기성 또는 통성혐기성 균으로 *Escherichia coli*, *Enterococcus aerogenes* 및 *Klebsiella*, *citrobactor* 속 등이 여기에 속한다.
- 대장균군 검사에는 대장균군의 존재 여부를 검사하는 정성시험과 수를 산출하는 정량시험이 있다.
- 정량시험은 오염균수의 정확한 수의 파악보다는 확률적으로 대장균 수치를 조합하여 최확수(MPN : Most Probable Number)로 표시한다.

실험재료

- Nutrient agar slant
- 유당배지(배지 ②, single Strength Lactose Broth : SSLBS) : 9.9mL, 9mL를 Durham관이 들어 있는 screw cap tube에 각각 5개씩 분주
- Durham관이 들어 있는 두 배 농도 유당배지(DSLB, double strength lactose broth) 10mL씩 5개, SSLB 액체배지의 각 성분을 두 배로 첨가
- EMB agar 배지
- 멸균된 배양접시
- 피펫, 그람염색약
- MR-VP broth(Buffed peptone 7g, glucose 5g, dipotassium phosphate 5g/증류수 1L)
- Methyl-red 지시약

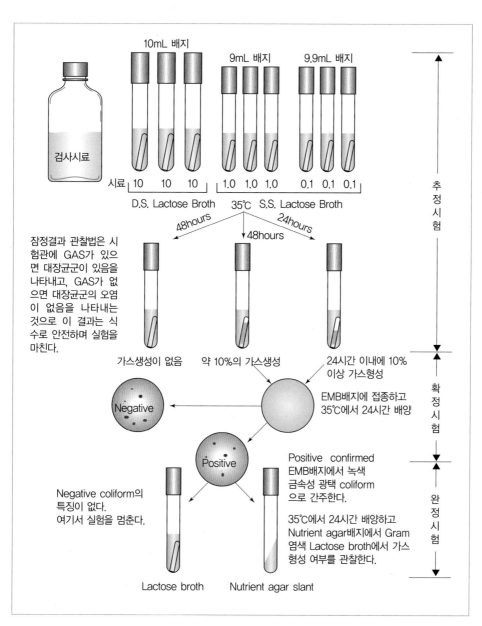

10mL 배지　　9mL 배지　　9.9mL 배지

검사시료

시료 | 10　10　10 | 1.0　1.0　1.0 | 0.1　0.1　0.1

D.S. Lactose Broth　35℃　S.S. Lactose Broth

추
정
시
험

48hours　　48hours　　24hours

잠정결과 관찰법은 시
험관에 GAS가 있으
면 대장균군이 있음을
나타내고, GAS가 없
으면 대장균군의 오염
이 없음을 나타내는
것으로 이 결과는 식
수로 안전하며 실험을
마친다.

가스생성이 없음　　약 10%의 가스생성　　24시간 이내에 10%
이상 가스형성

Negative

EMB배지에 접종하고
35℃에서 24시간 배양

확
정
시
험

Positive

Positive confirmed
EMB배지에서 녹색
금속성 광택 coliform
으로 간주한다.

Negative coliform의
특징이 없다.
여기서 실험을 멈춘다.

35℃에서 24시간 배양하고
Nutrient agar배지에서 Gram
염색 Lactose broth에서 가스
형성 여부를 관찰한다.

완
정
시
험

Lactose broth　　Nutrient agar slant

[대장균군 검사단계]

실험방법

1. 추정 시험(presumptive test)

① 검사시료를 멸균된 배양 접시에 각각 0.1mL, 1mL씩 접종하고 멸균한 nutrient agar를 약 50℃로 식힌 후 배양 접시에 분주(약 20mL)하여 혼합한 후 35℃에서 18~24시간 배양한다.

② 동일 시료를 각각 5개의 SSLB 배지 시험관에 0.1mL, 1mL씩 접종하고 5개의 DSLB 배지 시험관에는 10mL를 접종한 후 35℃에서 24~48시간 배양한다.

③ 배양 후 평판 배지에 자란 집락의 수를 계산하고, 각 시험관의 Durham관에 가스가 생성된 숫자를 조사한 다음 최확수표를 보고 시료 100mL당 존재하는 대장균군의 확률치를 구한다.

④ 24시간 이내에 10% 이상의 가스가 발생하면 음료수로는 불가한 것으로 추정하며 48시간 이후에 10% 미만의 가스가 발생하면 가스는 대장균군에 의한 것은 아니라고 간주한다.

⑤ 가스 발생이 관찰되지 아니하면 24시간 더 배양한다. 그래도 가스 발생이 검출되지 않으면 추정시험 음성으로 판정한다.

⑥ 48시간 내에 가스 발생이 검출되면 추정시험 양성으로 판정하고 확정 시험을 행한다.

2. 확정 시험(confirmed test)

① 가스가 발생한 시험관 하나를 택하여 그 배양액을 백금이로 따서 EMB 배지에 도말하고 35℃에서 24시간 배양한다.

② 대장균군의 집락 형성 여부를 조사하는 데 EMB 배지에서 *E. coli*는 암청색 또는 녹색 금속성 광택을 띠는 집락을, *Enterobacter aerogenes*는 분홍색의 집락를 형성한다.

③ 만일 EMB 배지상에서 전형적인 대장균군이 나타나지 않으면 확정시험 음성으로 판정하고, 나타나면 양성이므로 완전시험으로 넘어간다.

(1)		(2)		(1)		(2)		(1)		(2)	
10	1	0.1	M.P.N	10	1	0.1	M.P.N	10	1	0.1	M.P.N
0	0	0	0	1	0	0	2	2	0	0	4.5
0	0	1	1.8	1	0	1	4	2	0	1	6.8
0	0	2	3.6	1	0	2	6	2	0	2	9.1
0	0	3	5.4	1	0	3	8	2	0	3	12
0	0	4	7.2	1	0	4	10	2	0	4	14
0	0	5	9	1	0	5	12	2	0	5	16
0	1	0	1.8	1	1	0	4	2	1	0	6.8
0	1	1	3.6	1	1	1	6.1	2	1	1	9.2
0	1	2	5.5	1	1	2	8.1	2	1	2	12
0	1	3	7.3	1	1	3	10	2	1	3	14
0	1	4	9.1	1	1	4	12	2	1	4	17
0	1	5	11	1	1	5	14	2	1	5	19
0	2	0	3.7	1	2	0	6.1	2	2	0	9.3
0	2	1	5.5	1	2	1	8.2	2	2	1	12
0	2	2	7.4	1	2	2	10	2	2	2	14
0	2	3	9.2	1	2	3	12	2	2	3	17
0	2	4	11	1	2	4	15	2	2	4	19
0	2	5	13	1	2	5	17	2	2	5	22
0	3	0	5.6	1	3	0	8.3	2	3	0	12
0	3	1	7.4	1	3	1	10	2	3	1	14
0	3	2	9.3	1	3	2	13	2	3	2	17
0	3	3	11	1	3	3	15	2	3	3	20
0	3	4	13	1	3	4	17	2	3	4	22
0	3	5	15	1	3	5	19	2	3	5	25
0	4	0	7.5	1	4	0	11	2	4	0	15
0	4	1	9.4	1	4	1	13	2	4	1	17
0	4	2	11	1	4	2	15	2	4	2	20
0	4	3	13	1	4	3	17	2	4	3	23
0	4	4	15	1	4	4	19	2	4	4	25
0	4	5	17	1	4	5	22	2	4	5	28
0	5	0	9.4	1	5	0	13	2	5	0	17
0	5	1	11	1	5	1	15	2	5	1	20
0	5	2	13	1	5	2	17	2	5	2	23
0	5	3	15	1	5	3	19	2	5	3	26
0	5	4	17	1	5	4	22	2	5	4	29
0	5	5	19	1	5	5	24	2	5	5	32

3. 완전 시험(completed test)

① 전형적인 대장균군 집락를 유당배지와 nutrient 사면배지에 접종하고 35℃에서 24~48시간 배양한다.

② 유당배지에서 가스 형성 여부를 다시 확인하고, 사면배지에 자란 균주는 그람염색해 보고, MR-VP broth에 접종하여 35℃에서 24시간 배양한다.

③ 그람염색에서 그람음성 간균으로 판정되면 대장균군의 오염으로 간주한다.

④ 배양된 MR-VP broth에 methyl red 지시약을 몇 방울 가하여 적색이 나타나면 MR test 양성이며 *E.coli*가 존재하는 것으로 추정한다. MR 테스트에서 음성이면 *Enterobacter aerogenes*가 있는 것으로 평가한다.

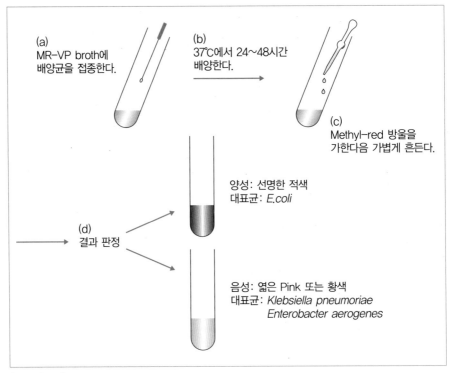

(a) MR-VP broth에 배양균을 접종한다.

(b) 37℃에서 24~48시간 배양한다.

(c) Methyl-red 방울을 가한다음 가볍게 흔든다.

(d) 결과 판정

양성: 선명한 적색
대표균: *E.coli*

음성: 엷은 Pink 또는 황색
대표균: *Klebsiella pneumoriae*
          Enterobacter aerogenes

[MR 테스트]

식품접객업소의 조리판매식품 등에 대한 미생물 권장 규격

목 적

- 냉면육수, 접객용 음용수, 조리용구 등의 위생기준 및 규격을 익힌다.
- 이들의 미생물 검사 방법에 대해 익힌다.

이 론

1. 냉면육수

1) 원료의 구비요건
① 원료는 선도가 양호하고 이물이 함유되었거나 변질되지 않은 것이어야 한다.
② 식육류는 그 기준 및 규격에 적합한 것이어야 한다.

2) 조리 및 관리기준
① 육수의 조리에 직접 접촉하는 기구류는 부식 등으로 인한 오염이 방지될 수 있는 스텐레스강 등과 같은 재질이어야 한다.
② 육수를 끓이거나 냉각하는 과정 중에는 이물이나 미생물 등이 오염되지 않도록 덮개를 설치하여야 한다.
③ 육수의 배합에 사용하는 동치미의 제조 시에는 가능한 한 저온에서 발효 또는 숙성하여야 한다.
④ 육수는 냉장시설에서 보관하고 가능한 한 밸브를 통하여 용기에 넣어서 손님에게 제공할 수 있는 구조이어야 한다.
⑤ 육수의 조리 및 관리에 사용되는 냉장장치와 기구, 용기 등은 영업종료 후 깨끗이 씻거나 또는 소독하여야 한다.

3) 성분규격
① 성상: 고유의 색택과 향미를 가지고 이미와 이취가 없어야 한다.
② 살모넬라균: 음성이어야 한다.
③ 대장균 O-157 : H7: 음성이어야 한다.

4) 보존기준

① 제품은 10℃ 이하에서 보관하여야 한다.

② 제품의 오염이 우려되는 다른 식품 또는 식품첨가물 등과는 분리 보관하여야 한다.

③ 권장보존기한은 1일이며, 10℃ 이하에서 보존하도록 한다.

2. 접객용 음용수(식품접객업소 등에서 손님에게 제공), 수족관물, 조리용구 등의 규격

① 접객용 음용수

- 대장균 : 음성/250mL

- 살모넬라균 : 음성/250mL,

- *Yersinia enterocolitica* : 음성/250mL

② 수족관물 : 세균수 : 10만/mL 이하

③ 행주(사용 중의 것은 제외) : 대장균 음성

④ 칼 · 도마 및 식기류(사용 중의 것은 제외)

- 살모넬라균 음성

- 대장균 음성

실험방법

1. 대장균군과 대장균 O-157 : H7(*Escherichia coli* O-157 : H7)

막여과법에 의하여 시료 250mL를 여과한 후 여과지를 EMB 평판배지 위에 올려놓고 35℃에서 24시간 배양한다. 전형적인 집락이 확인되면 실험 17의 대장균군의 확정 시험으로 동정한다. 대장균으로 확인 동정된 균은 O-157 항혈청을 사용하여 혈청형을 결정하고, O-157이 확인된 균은 H7의 혈청형시험을 한다.

2. 살모넬라균

막여과법에 의하여 시료 250mL를 여과한 후 여과지를 MacConkey 평판배지(배지30) 또는 Desoxycholate citrate 평판배지(배지 31) 위에 올려놓고 35℃에서 24시간 배양한다. 전형적인 집락이 나타나면 다음의 확인 배양에 단계를 진행하여 살모넬라균을 확인, 동정한다.

① 생화학적 확인 시험

분리배양된 평판배지상의 Colony를 보통한천배지(배지 8)에 옮겨 35℃에서 18~24시간 배양한 후, TSI 사면배지의 사면과 고층부에 접종하고 35℃에서 18~24시간 배양하여 생물학적 성상을 검사한다. 살모넬라균은 유당, sucrose 비분해(사면부 적색), 가스생성(균열 확인) 양성인 균에 대하여 그람음성 간균임을 확인하고 urease 음성, lysine decarboxylase 양성 등의 특성을 확인한다.

② 응집 시험

H 혼합혈청과 O 혼합혈청을 사용하여 응집 반응을 확인한다.

3. *Yersinia enterocolitica*

막여과법에 의하여 시료 250mL를 여과한 후 여과지를 CIN 평판배지 위에 올려 놓고 30℃에서 24~48시간 배양한다. 전형적인 집락이 확인되면 다음의 확인시험을 행한다.

MacConkey 한천배지에서 유당을 비분해하는 집락이나 CIN배지에서 중심부가 짙은 적색을 보이는 집락을 골라 각각 TSI 사면배지(배지 32)의 사면과 고층부에 접종하고 35℃에서 24시간 배양 후 고층부와 사면이 노랗고 가스와 황화수소가 발생하지 않은 균주를 선택하여 25℃와 37℃에서 각각 운동성 시험 및 urea, citrate 시험 등을 한다. 이때 *Yersinia enterocolitica*는 37℃에서는 운동성을 나타내지 않고 25℃에서 운동성을 가지는 특성이 있고 urea 시험 양성, citrate 시험 음성이며 그람음성 간균일 때 *Yersinia*군에 의해 양성으로 판정한다.

4. 막여과법

1) 막여과장치 및 기구

• 여과막: 공경 0.45㎛ 이하, 직경 47mm의 막을 사용한다.
• 여과장치: 여과막을 끼워서 여과할 수 있게 하는 장치로 멸균 가능한 것을 사용한다.

2) 시료액의 여과

멸균된 여과장치에 여과막의 격자가 그려진 면을 위로 향하게 하여 바르게 끼우고 깔대기를 클램프로 고정한 후 시료액 250mL를 무균적으로 넣어 여과한다. 여과지는 멸균 핀셋을 사용하여 제거하고 각각의 배양배지 위에 기포가 생기지 않도록 올려놓은 후 배양한다.

참고문헌

국내문헌

강영희(2008). 생명과학대사전, 아카데미서적.

고하영, 이준우(2008). 이론 식품미생물학, 석학당.

금종화, 김성영, 손규목 외(2010). 최신 식품미생물학, 효일.

김덕웅, 정수현, 염동민 외 (2010). 21C 식품위생학, 수학사.

김현오, 김명숙, 김창임, 김관유 외(2006). 최신 식품위생학, 효일.

노광래, 김희섭, 윤재영, 최정희 외(2011). 식품위생학, 양서원

노완섭, 김영지, 김왕준, 남진식 외(2010). NEW 식품미생물학, 지구문화사.

대한산업안전협회. 정보센터. 안전자료실(http://www.safety.or.kr).

민경찬, 전정일, 박상기 외(2008). 필수 식품미생물학. 광문각.

민경찬, 심우만, 이재우 외(2006). 식품미생물학실험, 광문각.

박진숙, 황경숙, 천종식(2005). 미생물의 분류, 동정 실험법, 월드사이언스.

송형익, 김정현, 박성진, 배지현 외(2011). 에센스 식품위생학, 지구문화사.

식품의약품안전청(2008), 식품공전.

유주현, 변유량(2007). 식품미생물학, 효일.

장재권, 최동원, 정하열(2010). 실험 식품위생학, 형설출판사.

하덕모(2007). 최신 식품미생물학, 신광출판사.

홍태희, 여생규, 윤재영, 최화정 외(2011). NEW 식품미생물학&실험, 지구문화사.

현형환, 장태용, 이현환, 조기성 외 역/ Kathleen P. Talaro 저(2010). 미생물학 길라잡이,
　라이프사이언스.

국외문헌

Case Christine, Johnson Ted. Laboratory experiments in microbiology(10th ed.) (2011). The Benjamin-Cummings Publishing Company, Inc., USA.

Ken Takai, Kentaro Nakamura, Tomohiro Toki, Urumu Tsunoga, Masayuki Miyazaki, Junichi Miyazaki, Hisako Hirayama, Satoshi Nakagawa, Takuro Nunoura, Koki Horikoshi (2008). Cell proliferation at 122°C and isotopically heavy CH_4 production by a hyperthermophilic methanogen under high-pressure cultivation. Proceedings of the National Academy of Sciences of the United States of America(PNAS) 105:10949-10954.

Kwang Kyu Kim, Keun Chul Lee, Jung-Sook Lee (2011). Reclassification of *Paenibacillus ginsengisoli* as a later heterotypic synonym of Paenibacillus anaericanus. International Journal of Systematic and Evolutionary Microbiology(IJSEM) 61:2101-2106.

Michael T. Madigan, John M. Martinko, Jack Parker. Brock biology of microorganisms(10th ed.) (2003). Prentice Hall, Pearson education, Inc., USA.

찾아보기

알기 쉬운 식품 미생물학 & 실험

저자소개

신해헌
연세대 식품생물공학과 공학박사
연세대 생물산업소재연구센터 전문연구원
University of Illinois(UIUC) Visiting Scholar
현재 백석문화대학교 외식산업학부 교수

차윤환
연세대 생명공학과 공학박사
연세대 산업기술연구소 연구원
크라운제과 중앙기술연구소 연구원
현재 숭의여자대학교 식품영양과 교수

한명륜
단국대 식품공학과 공학박사
부천대학교 식품영양과 겸임교수
전 혜전대학교 식품영양과 교수
현재 혜전대학교 제과제빵과 교수

조은아
연세대 생명공학과 공학박사
연세대 산업기술연구소 연구원
한국생명공학연구원(KRIBB) 연구원
전 숭의여자대학교 식품영양과 교수
현재 (주)노바렉스 마케팅팀 차장

이정숙
연세대 생명공학과 공학박사
한국생명공학연구원 미생물자원센터 센터장
현재 한국생명공학연구원(KRIBB) 책임연구원

국무창
연세대 생물소재공학 공학박사
연세대학교 산업기술연구소 연구원
현재 배화여자대학교 식품영양학과 교수

`3판`
알기 쉬운 식품 미생물학 & 실험

2012년 8월 30일 초판 발행 | 2014년 10월 17일 개정판 발행 | 2024년 3월 15일 3판 2쇄 발행
지은이 신해헌 · 차윤환 · 한명륜 · 조은아 · 이정숙 · 국무창 | **펴낸이** 류원식 | **펴낸곳** **교문사**

편집팀장 성혜진 | **본문편집** 정은정 | **본문디자인** 이연순 · 남이연 | **표지디자인** 이수미

주소 (10881)경기도 파주시 문발로 116 | **전화** 031-955-6111(代) | **팩스** 031-955-0955
등록 1960. 10. 28. 제406-2006-000035호 | **홈페이지** www.gyomoon.com | **E-mail** genie@gyomoon.com
값 18,000원 | **ISBN** 978-89-363-2139-0(93590)